2500年も読み継がれている
戦略の教科書

大人のための孫子の兵法

遠越段 著
叢小榕 監修

the ART of WAR by Sun Tzu

SOGO HO

まえがき

自分の人生をいかに有意義に生きるのか、これに役立つ指針を与えるのがすべての学問の目指す根本テーマであろう。現代においてはその学問自体が細かく分けられていってしまって、いつの間にか何のための研究かを見失いかねなくなっている。

ただ世の中には、骨太だが、真摯に直接的にその問いに答えてくれる書も存在しているのも事実だ。

その重要な書の一つが『孫子』である。

「孫子の兵法」というと、戦争に勝つための書であるとか、人の裏をかいて出し抜くテクニックを教える書であるとか思われている人も多いようだ。もちろん、「孫子の兵法」を学び、身につければ、あらゆる戦いに勝つための策が浮かび、決して敗れることもなくなるに違いない。

しかし、「孫子の兵法」の凄みというのは、そんなちっぽけなことにとどまらない。

孫子が一番強調し、教えているのは、戦争や競争に負けるということは、自分の生命や財産、人生を失うもので、あってはいけないことであるということだ。だからこそ無意味な戦いはやってはいけないし、絶対に勝たなくてはいけないとする。

そして最も善いのは戦わずに勝つことだとしている。戦えば少なからずこちらも傷つく。また勝ったとしても、相手に恨みを抱かせることにもなる。だから戦わずにこちらの目的を達するように普段から対策を立てるべきだと教えている。そのためにも本物の実力を身につけることを心がけなくてはいけない。

また、仮に相手に負けない力を蓄えたとしても決して油断してはいけないとする。大きな力を持っていたとしても戦いの時には、相手の虚（弱み）を作り、そこを叩くのだと言う。臨機応変の対応力も教えてくれる。さらに、他者とのつき合いの大事なことも指摘してくれている。一人の力で複数の敵やライバルに対応するのは大変だからである。孫子は、どこまでも合理的に考察し、いかに勝つかを追求しているが、その結果として、やはり将たる人間の人間的な力量を求めざるを得ないとする。いくら武力や戦力があっても、それを使い、動かすのは人間だからである。まさに「孫子の兵法」は読むと読まざるのでは人生が大きく違ってくると言え、人生において必読の書と言えよう。

本書では、現在に残されている孫子の教えをほぼすべて、これまでのどの本よりもやさしく、おもしろく、そしてためになる形で紹介できたと自負している。本書を執筆するにあたっては監修をしていただいた叢小榕氏に多くの助言をいただいた。

旧版を改めるにあたって、それまでに多く寄せられた読者の声を紹介したい。

「今を生きている私たちにも、仕事、受験、就職、恋愛、結婚、子育てなど様々な場面で勝ち負けが存在し、「孫子の兵法」の教えはどんな場面でも役に立つことが多い。「孫子の兵法」とは戦いの書だと思っていたが、「生き方」の書でもあると思う」（56歳　男性）

「以前から読みたいと思っていたが、難しそうでなかなか手が出ませんでした。本書は今まで手に取った「孫子の兵法」の中で一番読みやすそうと思い購入しました。普段からそんなに本を読まない私でも読むことができました。20歳のときにこの本に出会いたかった」（61歳　女性）

未だに多くの読者が新鮮な気持ちで手に取ってくれるのは、二五〇〇年を経ても色褪せない『孫子』の「強さ」を感じているからだろう。現在の視点から、『孫子』を読み解き、その魅力を伝えることが、私の役割だと思っている。

旧著が受け入れられたのも、混沌した状況でできるだけ失敗しない選択を求められるようになったからだろう。

多くの人が手に取ってくれたおかげで、版を重ねることができただけでなく、装いを新たにすることになったことは言葉に言い尽くせない喜びだ。新しい読者が、時を経ても色あせない「孫子の兵法」によって、輝かしい未来を切り開くことを心から願っている。

令和三年十一月

遠越 段

第3章 謀攻篇

戦争回避の鍵は情報

第4章 形篇

負ける戦争はしない

第5章　勢篇

強さは相対的に変化

第6章　虚実篇

敵の力を分散させる

第7章 軍争篇

主導権を常に握る

第8章 九変篇

優位を保つ九つの術

第9章 行軍篇

軍を率いる将の役割

第10章 地形篇

勝利の切り札は地形

第11章 九地篇

地形が起こす影響

第12章 火攻篇

火攻めと戦後の対応

第13章 用間篇

勝敗を左右する間諜

本文デザイン&装丁：木村 勉
DTP：横内俊彦

第1章　計篇

無謀な戦争は避ける

戦争は人も国土も疲弊させるので、
するべきかどうかを検討を重ねて
決断すべきであり、勝てない戦争
は避けなければならない。

the
ART
of
WAR
by Sun Tzu

01

戦争は熟慮の末の決断でなければならない

孫子曰わく、兵とは国の大事なり、死生の地、存亡の道、察せざるべからざるなり。故にこれを経るに五事を以てし、これを校ぶるに計を以てし、その情を索む。

一に曰く道、二に曰く天、三に曰く地、四に曰く将、五に曰く法なり。道とは、民をして上と意を同じくせしむる者なり。故にこれと死すべく、これと生くべくして、危わざるなり。天とは、陰陽、寒暑、時制なり。地とは、遠近、険易、広狭、死生なり。将とは、智、信、仁、勇、厳なり。法とは、

曲制、官道、主用なり。凡そ此の五者は、将は聞かざる莫きも、これを知る者は勝ち、知らざる者は勝たず。

【大意】

孫子は言う。戦争は国の大事であり、国民の生死がこれで決まったり、国の行く末にかかわる岐路であるから、慎重によく考え抜かなければならない。そのため、五つの事を考え、七つの目算と比べ、その時点での実情を知らなくてはいけない。

その五つの事とは、第一に道、第二に天、第三に地、第四に将、第五に法のことである。第一の道というのは、国民と上の者との心を一つにする政治のあり方である。そうすれば国民は上の者と心を一つにして、運命を一緒にすることを疑わないのである。第二の天とは、陰陽や気温や時節という自然界の法則のことである。第三の地とは、距離や地形の険しさや広さ、高低などの土地の状況のことである。第四の将とは、将軍の智恵、信義、誠実さ、勇猛さ、威厳という将軍の資質のことである。第五の法とは、軍の編制、軍律、官職の管理、軍の制度物資の運用についてのきまりのことである。以上の五つのことについては、将軍たる者なら誰でも知っているはずだが、これを本当によく理解し実践するものが戦に勝ち、あまり理解できず実践できない者は負けるのである。

解説

『孫子』は戦争に勝つための書、戦いや競争に勝つための書である。

しかし、戦争というものは、私たちにとって一番重要な人の命を奪ったり、破れて国がなくなったりする結果も招く。

だから、戦争を行うかどうかは、よほど考え抜いて、慎重に決めなくてはならないのである。これは、人生における戦いやケンカにもあてはまる。一時の感情で無謀な戦いを挑んではいけない。この事を肝に銘じている者こそ、真に兵法を身につけることができるのである。

だから、孫子はあくまでも冷静に客観的に自国と敵国を比較し、どちらが勝つかを検討せよと言う。そのためにまず挙げるのが道、天、地、将、法の五点である。負ける戦いは絶対にしないという『孫子』の基本的方針がよくわかる。

『孫子』は、兵法の書であり、道徳を説く書ではない。あくまでも冷徹に「勝つ」ことを追求している。では、道徳はどうでもよいと考えているのかというと、それは違う。道徳的な面も勝敗を分ける判断基準の一つとして組み入れるのである。

五つの比較(五事)

**まず、敵国と自国の五つの点について
比較・計算し実情を求める**

I.道(政治)……**民をして上と意を同じくする**
民心の状態

II.天(天時)……**陰陽・寒暑・時制**
昼夜、晴雨・気温・季節

III.地(地利)……**遠近・険易・広狭・死生**
距離の遠近・地形の険しさ・
地形の広さ・戦闘の際の進退の自由

IV.将(将軍)……**智・信・仁・勇・厳**
智恵・信頼・兵への思いやり・
勇気・賞罰の公平さ

V.法(法政)……**曲制・官道・主用**
軍の編成・官職の配置・物資の運用

**以上の五点をよく理解し、
実践するものは勝ちよく理解せず、実践できない者は負ける**

02

七つの比較で戦前に勝利を知る

故にこれを校(くら)ぶるに計を以てして、その情を索(もと)む。曰わく、主、孰(いず)れか有道なる、将孰れか有能なる、天地孰れか得たる、法令孰れか行なわる、兵衆孰れか強き、士卒孰れか練(なら)いたる、賞罰孰れか明らかなると。吾れ此れを以て勝負を知る。

【大意】

そのため、深く理解した者は、七つの目算と併せて、その時の実情をつかまなければならない。第一は、敵国と自国のどちらの主君が人心を得ているか。第二は、

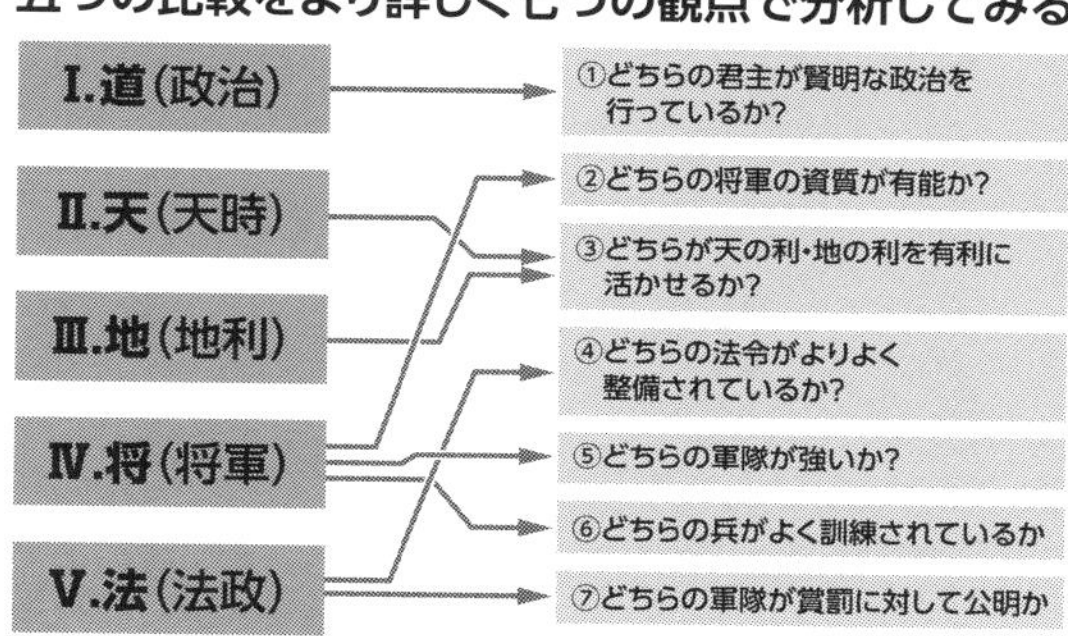

どちらの将軍が有能か。第三は、自然界の法則と土地の状況がどちらに有利か。第四は、法令はどちらが遵守されているか。第五は、軍隊はどちらが強いか。第六は、兵はどちらが訓練されているか。第七は、賞罰はどちらが公正か。この七つの目算によって、戦う前に勝敗を知るのである。

【解説】

戦争の前には①道、②天、③地、④将、⑤法の五つについて敵国と自国を比較する(五事)、それを前提として、勝利を確実にするために、七つの事項を計算せよと孫子はいう(七計)。すると勝敗も必ずわかると。すなわち、絶対に勝つためには、この七計において常に敵より優っていれば良い。敵に劣っていれば戦いを起こしてはならないということだ。

03

軍を内側と外側から整備して勝利する

将吾が計を聴くときは、これを用うれば必ず勝つ。これに留めん。将吾が計を聴かざるときば、これを用うれば必ず敗る。これを去らん。計、利として聴かるれば、乃わちこれが勢を為して、以て其の外を佐く。勢とは、利に因りて権を制するなり。

【大意】

もし将軍が五事七計の計略に従うなら、必ず勝つので留任させる。もし、将軍がその計略に従わないなら、きっと負けるであろうから辞めさせる。計略が有利だと

勢とは

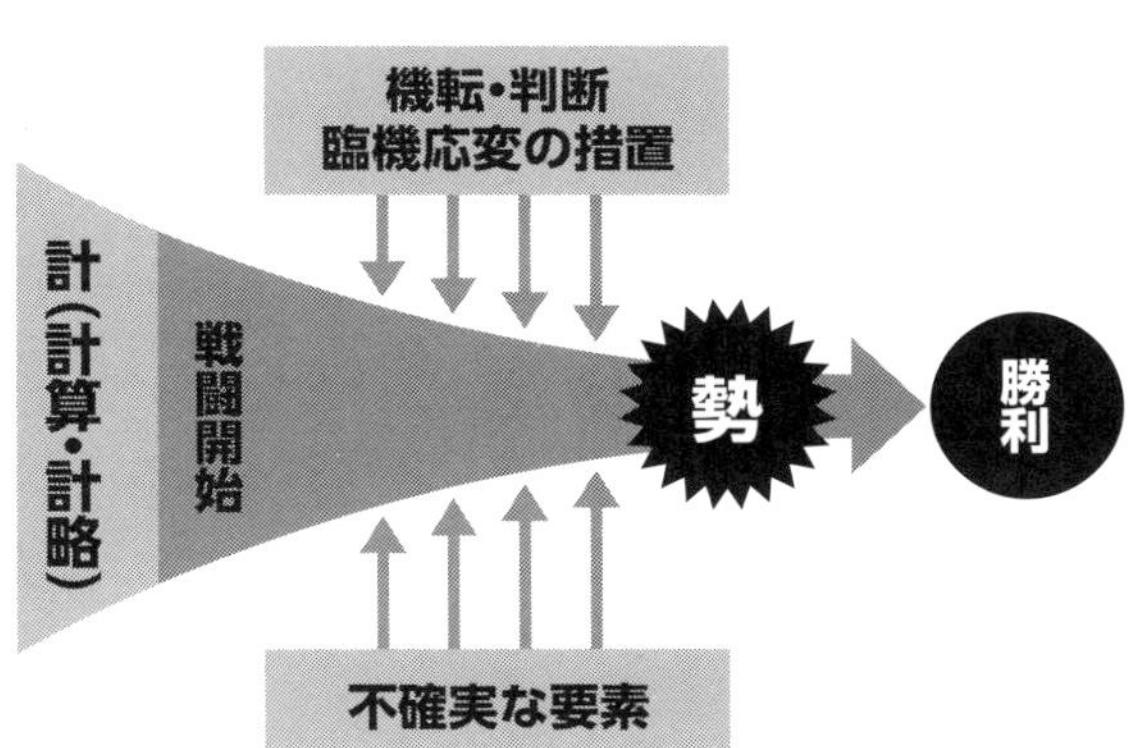

理解して従うなら、出陣前に軍の内部が整ったので、勢で出陣後に軍の外部からの助けとする。勢とは、有利な状況に従って臨機応変の措置をとり、勝利を確実にこちらのものにすることをいう。

【解説】

孫子は、負ける戦争はしないことを絶対譲れないことと考えている。だから、自分の考える計略をまず受け入れてくれなければ、将軍としての地位に就く気はない。もし、自分の考えを取り入れてくれるならば、その絶対有利な状況下でさらに勝利を確実にするために、軍の勢いに乗って臨機応変に対応するのだという。実際の戦場でも不確実な要素に動揺することなく、勝機を離さないという機転、判断も必要になることを『孫子』は述べている。

04

戦いでは敵をあらゆる面で欺く必要がある

兵とは詭道(きどう)なり。故に、能(のう)なるもこれに不能を示し、用なるもこれに不用を示し、近くともこれに遠きを示し、遠くしてこれに近きを示し、利にしてこれを誘い、乱にしてこれを取り、実にしてこれに備え、強にしてこれを避け、怒にしてこれを撓(みだ)し、卑にしてこれを驕(おご)らせ、佚(いつ)にしてこれを労し、親(しん)にしてこれを離す。其の無備を攻め、其の不意に出ず。此れ兵家の勢(せい)、先に伝うべからざるなり。

大意

戦争とは正常なやり方に反している。だから、自分が強くても敵には弱く見せ、自分が勇敢でも臆病に見せ、自分が敵に近づいていても敵には遠くにいると見せ、敵が利益を欲しがっていたら利益を見せて敵を誘い出し、敵が混乱していたらそれに乗じて敵を襲い、敵が充実していたらそれを防備し、敵が強ければそれを避け、敵が怒っていれば混乱に陥れ、敵が謙虚なら慢心させ、敵が平穏なら疲労させ、敵が親しみ合っていたら分裂させる。こうして敵が備えていないところを攻め、敵の不意を衝くのである。これが軍師のいう勢であり、敵の状況に応じた対応であるから、出陣前に兵に伝えることができないものである。

解説

戦争は勝つためにする。だから勝つためには、敵のこちらについての考えを、こちらがしようとすることの反対にもっていかせておけばよいという『孫子』の合理的な考え方である。

戦争において敵を欺いた好例といえるのが、日本史では桶狭間の戦い、世界史ではトロイア戦争での「トロイの木馬」である。ここではトロイの木馬を取り上げる。

「イリアス」や「オデッセイア」が伝えるところによると、トロイアをギリシア勢が包囲するも、その堅い守りに戦況に進捗はなかった。ギリシア勢に漂う厭戦気分を払拭するため、オデ

敵を欺く

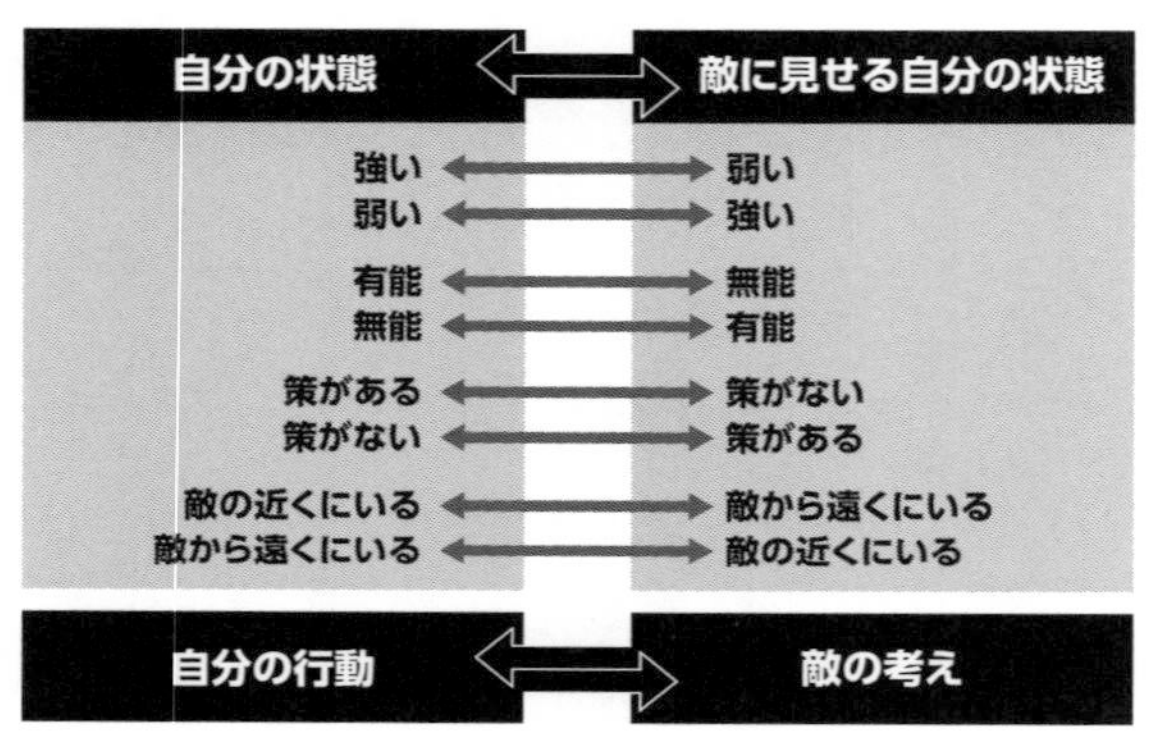

ユッセウスが木馬を作り、兵を潜ませ、トロイア城内に運び込むように仕向けたのである。木馬を作るにあたり、木材が足りず、ギリシア勢の船を一部を解体して転用したという。木馬を作った後、ギリシア勢はトロイアから撤退した。残された木馬は明らかにあやしい「置き土産」だが、置き去りにされた（ふりをした）ギリシア人が、木馬を「（ギリシア勢が盗んだ）トロイアの神の怒りを鎮めるため」とトロイア市民を騙し、木馬を市内に入れることに成功した。そして、木馬に潜んだギリシア兵がトロイアを内側から攻め、トロイアは陥落したのである。

コラム +1

「孫子」は戦術の書ではなく人生の指南書

私たちの人生は、他者とかかわり合いながら生きて行かなくてはならない。そのためには良質な人間性を作っていく必要がある。人は練り上げられた人間性をまとってこの大きな世界に出ていくのだ。しかし、それだけでは生き抜けない。なぜなら人は皆、「まず自分」なのだ。つまり、生きるうえでは他者との戦いや競争が避けられないのである。自分を貶める策略にはめられたり、いわれのない罪を被ることになったりして、せっかく築き上げた他人との信頼、社会的地位などを失ってしまうこともあるかもしれない。

こうした脅威には立ち向かうべきだが、立ち向かうだけの知略が必要となる。それを教えてくれるのが『孫子』である。二五〇〇年以上も前、古代中国の春秋戦国時代に書かれたこの書は、私たちがいかにして人生に勝つかを教えてくれる。『孫子』というと戦争の書と思われがちだが、それは違う。敵に勝つ実践的な戦術が書かれているだけでなく、人生論としても読むことができるのだ。

人生を大切にしたいなら常に手元に置いておきたい書、それこそが『孫子』である。

05

戦前の分析を素直に受けとめることが肝要

夫れ未だ戦わずして廟算して勝つ者は、算を得ること多ければなり。未だ戦わずして廟算して勝たざる者は、算を得ること少なければなり。算多きは勝ち、算少なきは勝たず。而るを況んや算なきに於いてをや。吾れ此れを以てこれを観るに、勝負見わる。

【大意】

古来の習いのように開戦前に宗廟で目算する（熟慮する）のは、五事七計によって勝つ可能性が高いからだ。目算して勝てないというのは、五事七計によって勝つ

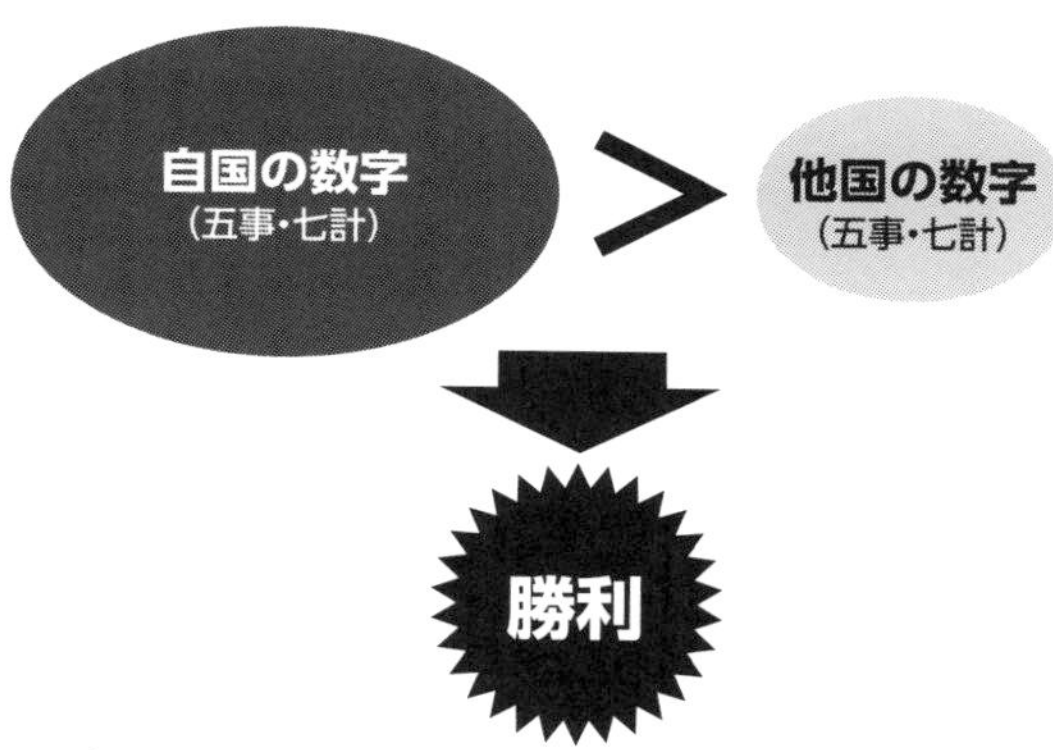

可能性が少ないからだ。可能性が高ければ勝つが、可能性が低ければ勝てないのは当然だ。まして可能性が全くないというのであればなおさらだ。このように廟算を踏まえ、事前に勝敗を知るのだ。

【解説】

戦いは気力だけでは勝てない。勝つための合理的な根拠でもって戦うべきだ。

日露戦争開戦当時の軍上層部は、皆、『孫子』を学んでいた。だから東大の博士七人が「戦争をやれ」と煽っても「戦争をするには大砲の数を計算しなくてはいけない」と言い返したという。こういう姿勢が勝利を呼んだのだ。しかし、太平洋戦争におけるアメリカとの戦いではこの計算を無視したことで負けた。これは、私たちの人生における戦いや競争でも忘れてはいけないことだ。

第2章　作戦篇

開戦前に計画を組む

戦争には莫大な経費が必要となるので、開戦前に綿密な計画を組み、いざ開戦となると短期決戦で少しでも早く終わらせる

01

持久戦は自国経済を疲弊させるので避ける

孫子曰わく、凡そ用兵の法は、馳車千駟、革車千乗、帯甲十万、千里に糧を饋る。則ち内外の費、賓客の用、膠漆の材、車甲の奉、日に千金を費やして然る後に十万の師挙がる。其の戦を用うるや、久しければ則ち兵を鈍らせ鋭を挫く。城を攻むれば則ち力屈き、久しく師を暴さば則ち国用足らず。

【大意】

孫子はいう。戦争の法則とは、戦車千台、輜重車（物資を運ぶ車）千台、武装した兵士十万人で、千里もの遠方まで食糧を運ぶ場合は、国の内外での費用や外交の

軍隊を動かすには

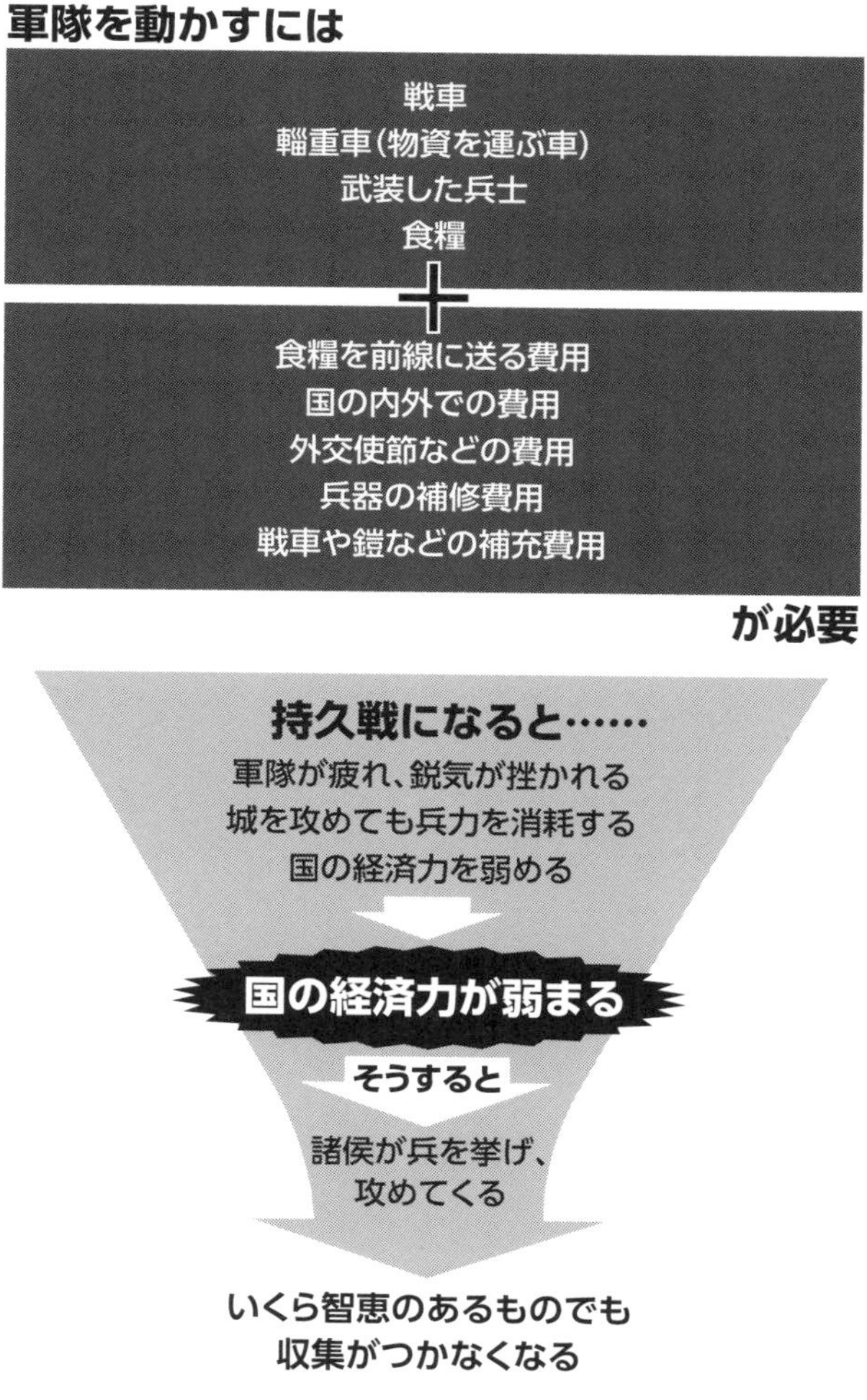

軍隊を動かすには

戦車
輜重車(物資を運ぶ車)
武装した兵士
食糧

＋

食糧を前線に送る費用
国の内外での費用
外交使節などの費用
兵器の補修費用
戦車や鎧などの補充費用

が必要

持久戦になると……

軍隊が疲れ、鋭気が挫かれる
城を攻めても兵力を消耗する
国の経済力を弱める

↓

国の経済力が弱まる

↓ **そうすると**

諸侯が兵を挙げ、
攻めてくる

↓

いくら智恵のあるものでも
収集がつかなくなる

費用、ニカワや漆など武具の材料、戦車や鎧の補充など一日に千金もの大金をかけて、はじめて十万の軍隊が動かせるのである。ただし、そういう戦いをして、戦いが長びけば軍は疲弊してしまい、士気が低くなる。敵の城を攻めることになればさらに戦力を消耗するけれど、長い間軍隊を戦場に置くことは国の経済力を弱めることになる。

【解説】 戦いや戦争を長びかせることは、あらゆる面でよくない。戦力を消耗させ、人の志気を下げ、お金がかかりすぎて、別の敵を生むなどの弊害が起きやすいからだ。

持久戦はどんなにすばらしいリーダーがいたとしても困難を要する作戦であることは知っておきたい。軍備は消耗し、費用がかさみ、何よりも兵が疲弊する。厭戦気分が漂う群ほど戦わせにくいものはない。

マルクスよりも孫子を敬愛したという毛沢東は持久戦の名手だった。その目的は「戦力の温存」に集約される。一九三六年の国共合作によって、日本軍とたたかったのは主に国民党軍で共産党軍は主にゲリラ戦を展開し、正面衝突は回避してまわったのだ。

一九四六年、国共は全面的な内戦になるが、共産党は温存した軍事力で国民党を圧倒し、国民党を大陸から追い出したのである。

コラム +1

日本史に大きな影響をあたえた「孫子」

世界史とは、戦争の歴史である。有史以来、規模の大小を問わないなら、世界のどこかで常に争いごとが起きている。

一九四五年の敗戦以降、日本は戦争に巻き込まれたことはない。自衛隊の海外派遣はあったが、日本国民の多くは戦争と関わらずにいられたことは、幸せなことと言えよう。しかしその平和な日本で、『孫子』が読み継がれているのはなぜなのだろう。

その答えは明白だ。「争い」が絶えないからである。戦争がこの世からなくなっても、ビジネスの世界、スポーツの世界など、我々が生きる社会において「戦い」の場面はなくならない。

会社の業績を伸ばすためにはライバル会社と争う。出世するためには同僚を出し抜く。市井に生きる私たちに、戦争は無縁かもしれないが、争いとは無縁ではない。「争い」で負けずに生き残るためには、その知識と知見が必要になる。『孫子』はいつまでも最良のテキストとして、あらゆる世代で読み継がれていくだろう。

02

戦は短期決戦を目指し、長期戦は避ける

夫れ兵を鈍らせ鋭を挫き、力を屈くし貨を殫くすときは、則ち諸侯其の弊に乗じて起こる。智者ありと雖も、其の後を善くすること能わず。故に兵は拙速なるを聞くも、未だ巧久なるを睹ざるなり。夫れ兵久しくして国の利する者は、未だこれ有らざるなり。故に、尽〻く用兵の害を知らざる者は、則ち尽〻く用兵の利をも知ること能わざるなり。

【大意】

　そもそも軍が疲弊し、士気も下がり、戦力が尽き、財力が無くなれば、隣国の諸侯たちはその困窮に乗じて兵を挙げ、攻めかかってくる。こうなればいくら自軍に策士がいても、それを防ぎ、うまく収拾することはできない。だから、戦争には、多少の問題があってもすばやく切り上げることは有効である。長びいてうまくいったことはまだ無いものだ。そもそも戦争が長びいて国家に利益があったことはないのである。つまり、戦争の損害を知らない者は、戦争の利益も知ることができないのである。

【解説】

　戦争は国家の総力戦であり、異常な事態である。完全に勝つことを目指すよりも、完璧でなくても早く切り上げる勝ち方を目指したい。そうしなければ国の損害が利益よりも大きくなるからである。孫子のこの立場からすると日露戦争は評価できるが（早く切り上げ何とか勝利したと言える）、太平洋戦争はいかにもまずい戦争であった（長びいてしまい、しかも最後に敗れてしまった）。

　ここでは太平洋戦争について考えてみたい。

　真珠湾攻撃に日本軍は成功したが、ミッドウェー海戦、ガダルカナル作戦、重慶作戦、セイロン作戦、インパール作戦、マリアナ沖海戦、レイテ決戦、沖縄決戦と日本は負け続けた。

戦争による利益と害

早く切り上げる
勝ち方
＝
戦争による利益

完璧な勝利
＝
兵力・国力の
消耗

**戦争による利益を最大にするためにも
持久戦を避け早く切り上げる勝ち方を目指すべき**

日々悪化する戦況を鑑みて、和平交渉をする試みもあったが、力を過信した軍は、神風が吹くことを信じた。

そもそも、戦前のアメリカと日本の国民総生産は一二倍あった。兵力は日本が七四〇万人、アメリカは一四九〇万人である。戦費も日本が一〇〇〇億ドル、アメリカが三五〇〇億ドルと、国力としては比較にならない。そして、日露戦争のように相手の主力軍を極東に呼び寄せるのではなく、アメリカ領に攻め入ったのだ。

明治維新以降、近代国家の道を進む日本は戦争に勝ち続けた。日清戦争、日露戦争、第一次世界大戦である。太平洋戦争にしても、真珠湾攻撃は「成功」している。私にはこれらの勝利が、軍の過信を生み出したのだと思っている。

コラム +1

優しすぎた西郷隆盛

三国時代、曹操が将軍たちに身につけるべきとした「五徳」というものがある。孫子が将軍の資質として挙げた「智、信、仁、勇、厳」のことだ。

私はこの「五徳」を考えるとき、いつも西郷隆盛の悲運を連想してしまう。

薩摩藩のリーダーとして長州藩などとともに、大政奉還・王政復古を実現し、新しい時代の扉を開いた西郷隆盛。しかし、それは旧時代の支配者であり、西郷を支えた武士階級の没落を招く結果になった。

「五徳」を備えていた西郷は、理想的なリーダーと言えたが、活動を続けていく中で新しい時代になじめない士族たちへの思い、つまり「仁（部下に対して愛情をふりそそぎ、思いやりがあること）」が次第に肥大していったのである。

仲間への深い深い思いやりが、西郷のまわりに人を集めたが、それはやがて西南戦争を引き起こし、士族という階級にとどめを刺した。皮肉にも、士族を圧倒した政府軍の中心は平民主体であったという。

03

あらゆる戦争は国庫を疲弊させる

善く兵を用うる者は、役は再び籍せず、糧は三たびは載せず。用を国に取り、糧を敵に因る。故に軍食足るべきなり。国の師に貧なるは、遠き者に遠く輸せばなり。遠き者に遠く輸さば則ち百姓貧し。近師なるときは貴売す。貴売すれば則ち百姓の財竭く。財竭くれば則ち丘役に急して、力は中原に屈き用は家に虚しく、百姓の費、十に其の七を去る。公家の費、破車罷馬、甲冑弓矢、戟楯矛櫓、丘牛大車、十にその六を去る。故に智将は務めて敵に食む。敵の一鍾を食むは、吾が二十鍾にあたる。萁秆一石は吾が二十石に当たる。

【大意】

上手に戦を行う者は、自国の民に兵役を二度も求めず、国内の食糧を三度も前線に送ることはしない。軍需品は自国のものを調達するが、食糧は敵地で調達するのである。だから食糧は十分なのである。国家が軍隊のために貧しくなるのは、遠くまで食糧などの物資を送るからで、遠くまで輸送すると民衆はその負担によって貧しくなってしまう。戦争が国の周辺で行われれば、その周辺では物価が高くなり、民衆は蓄えを失い生活が苦しくなる。蓄えを失えば、軍役も難しくなる。戦場で戦力も尽きてしまい、国内では人々の財物が乏しくなり、人々の生活費は十分の七が失われ、朝廷の費用もかさむ。戦車が壊れ、馬は疲れ、鎧や兜や弓と矢、戟（先の分かれた矛）、楯や矛や大楯、さらに運搬用の牛や車などに十分の六が失われることになる。したがって智将と呼ばれる将軍は遠征をしたらできるだけ敵の食糧を奪って自軍の兵に与えるのである。敵の一鍾（五一・二リットル）を食べるのは、自軍の二十鍾を食べるのに相当し、軍馬の餌となる豆がらや藁わら一石（一〇〇リットル）は、自分の国

戦費について考える

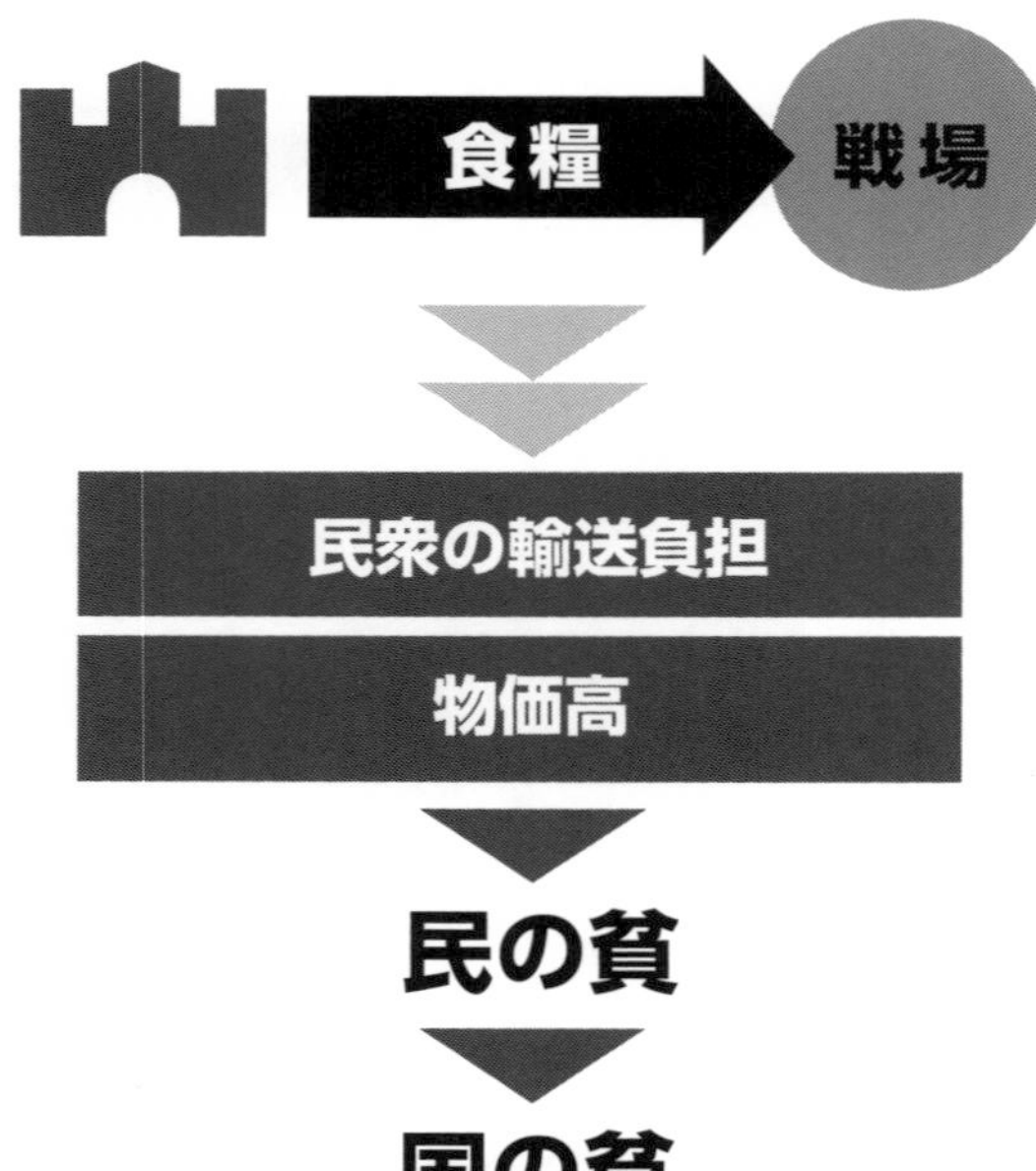

頭の良い将軍は……

■ 兵役を何度も求めない
(短期決着を目指す)

■ 食糧を何度も前線に送らず
現地で調達する(敵の食糧を奪う)

の二十石に相当する。

【解説】

戦争は、通常の生活、平素の経済活動とは異なるものだ。とにかくお金がかかるものだ。兵を戦場に送るのに、まず、輸送費が必要となる。さらに、武器にもお金が必要だ。物質を運ぶ牛馬にも餌代がかかる。何より兵を食わせる費用は削れない。

このように戦争は莫大な費用がかかることをよく知っておかなければならない。また戦争が長期化すれば国内経済の破綻も招く恐れがあることも忘れてはいけない。

たとえば日本も、一五年にわたる日中戦争・太平洋戦争で国内経済は完全に破綻してしまった。日中戦争前の国民総生産の二八〇倍もの戦費を費やしたため、国内は激しいインフレとなった。

日本に勝利したアメリカも、その後ベトナム戦争（一九六〇年～七五年）が長期化してしまい、国民の不満や無気力を招き、社会の活力も低下した。財政負担も大きなものとなった。このように、戦争は、国民の生活を犠牲にし、国家の経済力を低下させ、場合によっては破綻させてしまうほどのものであることを忘れてはいけないのである。

04

敵の物資を取り込み自軍をさらに強くする

故に敵を殺す者は怒なり。敵の利を取る者は貨なり。故に車戦に車十乗已上を得れば、其の先ず得たる者を賞し、而してその旌旗を更め、車は雑えてこれに乗らしめ、卒は善くしてこれを養わしむ。是れを敵に勝ちて強を益すと謂う。

故に兵は勝つを貴とぶ。久しきを貴ばず。故に兵を知るの将は、民の司命、国家安危の主なり。

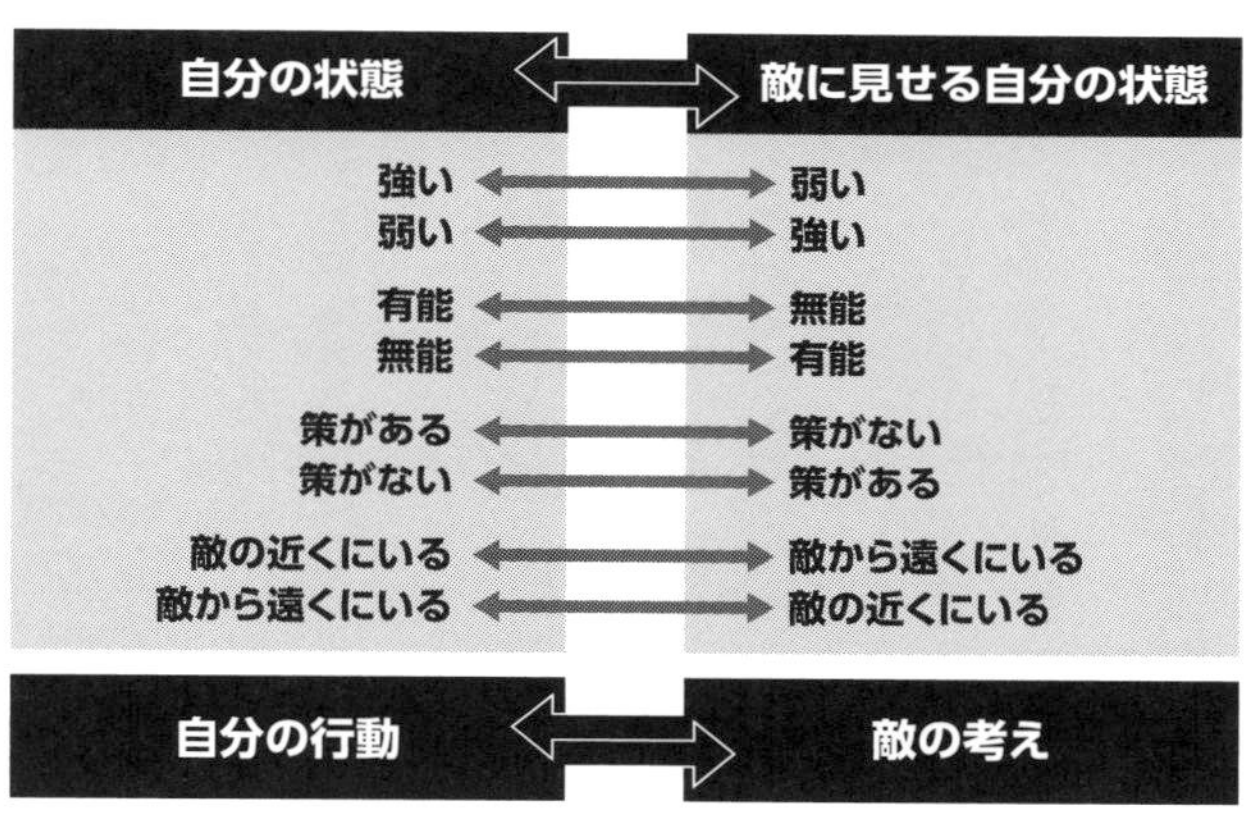

【大意】

敵を殺すのは奮い立った気によるものであるが、敵の物資を奪うのは自分たちの利益のためである。だから、戦いで戦車を十台以上捕獲した時には、その最初に捕獲した者に賞を与え、敵軍の旗印を自軍のものに取り換えて、獲得した戦車を使い、降伏した敵兵は優遇して養う。これが敵に勝ち、自軍がさらに強くなるということだ。

戦争は勝利が第一だが、長期戦は評価されるものではない。戦争の利害を知る将軍は、民衆の生死や国家の行く末を左右する立場にいるのである。

【解説】

戦争はお金がかかる。経済にも影響する。だから敵を破ることを考えつつも、自国の利益も忘れずにいなくてはいけない。目的を見失っては勝利は手にできないのだ。

第3章　謀攻篇

戦争回避の鍵は情報

国力を疲弊させる戦争は避けるべきで、戦わずに敵よりも優位に立つには、あらゆる情報を集め自国に有利に導かなければならない

the
ART
of
WAR
by Sun Tzu

01

戦いを避けて屈服させるのが最高の策

孫子曰わく、凡そ用兵の法は、国を全うするを上と為し、国を破るはこれに次ぐ。軍を全うするを上と為し、軍を破るはこれに次ぐ。旅を全うするを上と為し、旅を破るはこれに次ぐ。卒を全うするを上と為し、卒を破るはこれに次ぐ。伍を全うするを上と為し、伍を破るはこれに次ぐ。是の故に百戦百勝は善の善なるものに非ざるなり。戦わずして人の兵を屈するは善の善なる物なり。

【大意】

孫子は言う。戦争のあり方としては、敵国と戦わず敵の国力を保全したまま降伏させるのが上策で、敵国と戦いこれを打ち破るのは上策に劣る。敵軍の戦力を保全したまま降伏させるのが上策で、敵軍と戦いこれを打ち破るのは上策に劣る。敵の旅団の戦力を保全したまま降伏させるのが上策で、敵の旅団と戦いこれを打ち破るのはこれに劣る。敵の大隊の戦力を保全したまま降伏させるのが上策で、敵の大隊と戦いこれを打ち破るのは上策に劣る。敵の小隊の戦力を保全したまま降伏させるのが上策で、敵の小隊と戦いこれを打ち破るのは上策に劣る。このように、百回戦って百回勝つというのは、最高の勝ち方ではない。戦わないで敵の軍隊を屈服させるのが、最高の勝ち方なのである。

【解説】

敵国を打ち破り、戦争に勝つのは華々しく見えるが弊害もある。まず、自国の兵を一部にしても消耗させ死なせてしまう。そして、敵国の人に憎まれたり、国土を破壊してしまい復旧にお金がかかることにもなるからだ。

だから、「敵と戦わずに勝つ」ということを理想の在り方として目指すべきである。

ケンカはしない方がいいに決まっているのだ。ケンカをせずにこちらの言うことをわかってもらえるようにする。あるいは譲れないところを理解してもらえるようにするのが一番いいの

理想の戦争のあり方

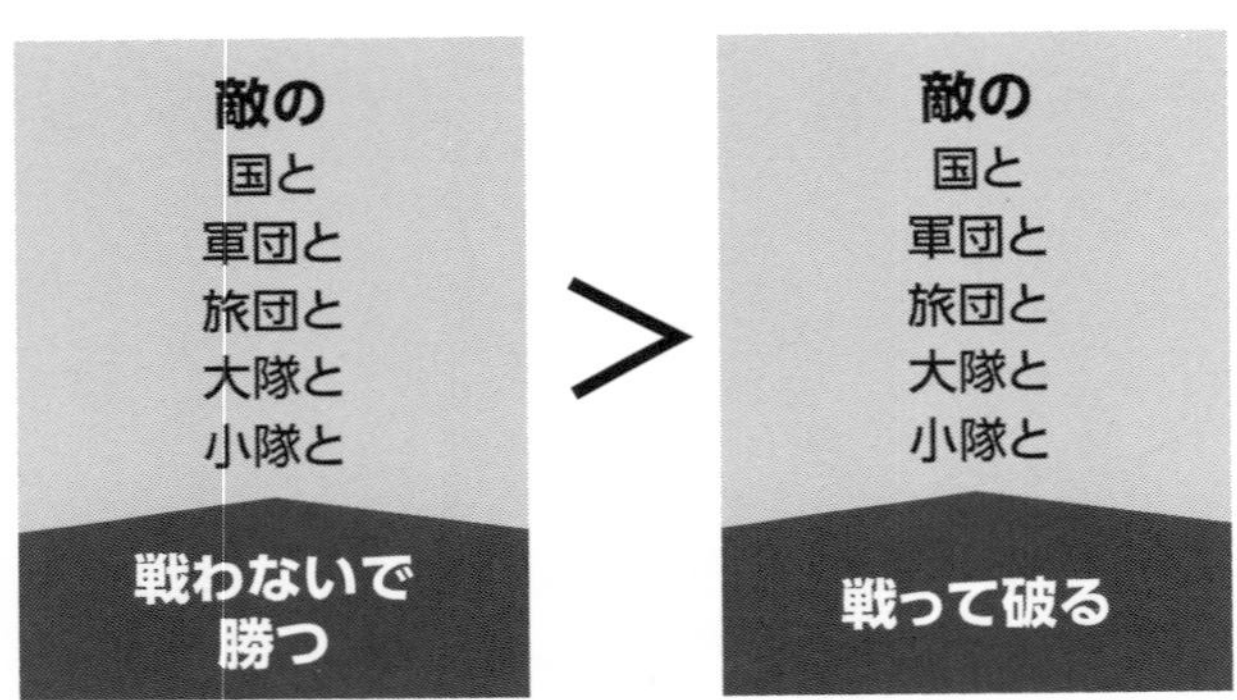

敵の国力・戦力、自分の国力・戦力を保全することが一番大切

である。

「戦わずして勝つ」を地で行ったのが若き木下藤吉郎秀吉だった。姉川の戦い以後、信長包囲網が形成され、秀吉は浅井の小谷城の目と鼻の距離にある横山城を任させた。浅井家との小競り合いをかわしながら、秀吉は武力とは違う形で浅井家を追い詰めていった。

秀吉は時間をかけて浅井家の家臣を調略、説得していき、やがて小谷城を周囲から孤立させることに成功したのだ。そして、信長は小谷城を攻め、浅井家を滅ぼすのである。小谷城の落城後、秀吉には浅井家の旧領が与えられることになった。そして長浜に居城を築き、念願の大名となり、織田家家臣の中での出世頭となるのである。

コラム +1

「孫子」を読み込んだ日露戦争の英雄

一九〇四年、日露戦争勃発。日本の勝利で幕を閉じたこの戦争の勝因は、ロシアの不安定な国内事情もあったが、日本海軍の戦術的な勝利が大きかった。

その作戦立案を一手に担ったのが秋山真之。秋山は当時最先端であった兵法だけでなく、孫子や村上水軍などの古典からも多くの知見を得たといわれている。

ロシアが旅順に太平洋艦隊を配置しており、開戦となれば欧州に展開するバルティック艦隊が合流することは間違いないという状況でのことだ。日本としては、できるだけ早く旅順に展開する艦隊を無力化する必要があった。そこで秋山は旅順港の閉塞作戦を敢行。最終的に三回にわたる封鎖作戦は十分な結果を出せなかったが、陸軍による旅順要塞攻略につながり、ロシアの太平洋艦隊は黄海海戦によってほぼ壊滅されることとなった。

その後、綿密な作戦を幾重にも張り巡らせ、日本海海戦でバルティック艦隊を撃破した秋山は、世界史上特筆すべき勝利を日本にもたらした。

まさに「智謀湧くがごとし」である。

02

人的損失の大きい戦争は最後の手段である

故に上兵は謀(ぼう)を伐(う)つ。其の次は交(こう)を伐つ。其の次は兵を伐つ。其の下(げ)は城を攻む。攻城の法は、已(や)むを得ざるが為なり。櫓(ろ)、轒轀(ふんおん)を修め、器機を具(そな)うること、三月にして後(のち)に成る。距闉(きょいん)又た三月にして後(のち)に已(お)わる。将、其の忿(いきどお)りに勝(た)えずしてこれに蟻附(ぎふ)すれば、士卒の三分の一を殺して而も城の抜けざるは、此れ攻の災(わざわ)いなり。

【大意】

最善の戦争は敵の智謀を智謀のうち、つまり戦火を交える前に破ることであり、その次は敵とその友好国の外交上の同盟関係を崩すことであり、その次は敵の軍隊を戦いによって破ることであり、最もまずいのは敵の城を攻めることである。城攻めはやむを得ない場合に限るものだ。城攻めは、それ以外の手段がなくてやむ得ずにおこなうのである。櫓や城を攻める戦車を揃えや他の武器を準備するには三カ月もかかり、攻撃用の陣地を築くのにさらに三カ月かかってしまう。時間がかかるため将軍がいらいらして次第に怒りが増し、一度に総攻撃をするということになれば、兵の三分の一が戦死しても城が落ちないということにもなりかねない。これが城攻めの危険なところである。

【解説】

豊臣秀吉が天下人となれたのは、「まさに智謀湧くがごとし」の武将であり、かつ外交戦略がうまかったためである。

本能寺の変を聞くやすぐさま毛利軍と上手に和解し、明智光秀を電光石火のごとく討った。また、強敵の徳川家康には智恵を使い従わせることができた。軍師としても有能な竹中半兵衛、そして黒田官兵衛を重用したのである。

敵を武力で破るより、智謀をめぐらせる勝ち方を優先したために敵も家康も秀吉によく従っ

最高の戦略とは

謀を伐つ	智謀で敵を破る
∨	
交を伐つ	外交で敵を破る
∨	
兵を伐つ	敵の軍隊を破る
∨	
城を攻める	やむを得ない場合に限る

たのである。

孫子の時代から現代まで、いつも力ずくで押し通す人はいつか必ず足元をすくわれることは変わりのないことである。

日露戦争で有名な二〇三高地をめぐる戦いは、まさに城攻めの難しさを教えてくれる。

乃木希典は、この戦いで万を越す日本兵を戦死させ、自分の息子二人も失った。二〇三高地という城(＝要塞)を攻めるのに旧来の攻め方に固執したと言われる。後世、その人格のすばらしさは否定されないものの、軍人として、将軍としての資質を問う人も多い。

敵の守りが固いところ、すなわち城などを攻める時は、味方の損害を考えて慎重に慎重を重ねて作戦を考えるべきであろう。

コラム +1

上司を将軍に仕立てて付き合い方を考える

嫌な上司や無能な上司とそりが合わない…という人もいるだろう。そんな上司との付き合い方も『孫子』から学ぶことができる。上司を敵軍と見立て、「戦争」に勝利するのだ。

まずは、いかに自分に有利な立場を築き、敵軍を自由に動かせるかを目標とする。戦いを挑むにあたって大切なことは、冷静な判断。『孫子』にあるように「怒りや憤りにまかせた戦いは厳禁」である。社内のヒエラルキーでいえば上司は上位にあることは間違いない。上司と正面衝突をしてもよいことはないのである。また、上司に自分が有益な味方であるかをわからせることも重要だ。敵が望むことを聞き出し、それに対して自分がどのように役立てるかを知らしめよう。

上司との戦いが避けられない時もある。その場合、まずするべきことは守りである。まずは、敵となる上司以外の社の幹部クラスに普段から良好な関係を築く（諸侯との外交戦略）ことだ。そして、会社の規則や命令の遵守（弱点はつくらない）により、あらゆる角度からの防御を怠らないことが重要となる。

03

自軍も敵も無傷で手に入れるのが最良の策

故に善く兵を用うる者は、人の兵を屈するも而も戦うに非ざるなり、人の城を抜くも而も攻むるに非ざるなり、人の国を毀(やぶ)るも而も久しきに非ざるなり。必ず全(まった)きを以て天下に争う。故に兵頓(つか)れずして利全くすべし。比れ謀攻の法なり。

【大意】

戦上手な人は戦わずに敵兵を屈服させるけれども、敵と戦争するのではなく、敵の城を落としたとしても城を攻めたわけではなく、敵の国を滅ぼしたとしても、長

知謀をもって伐つとは

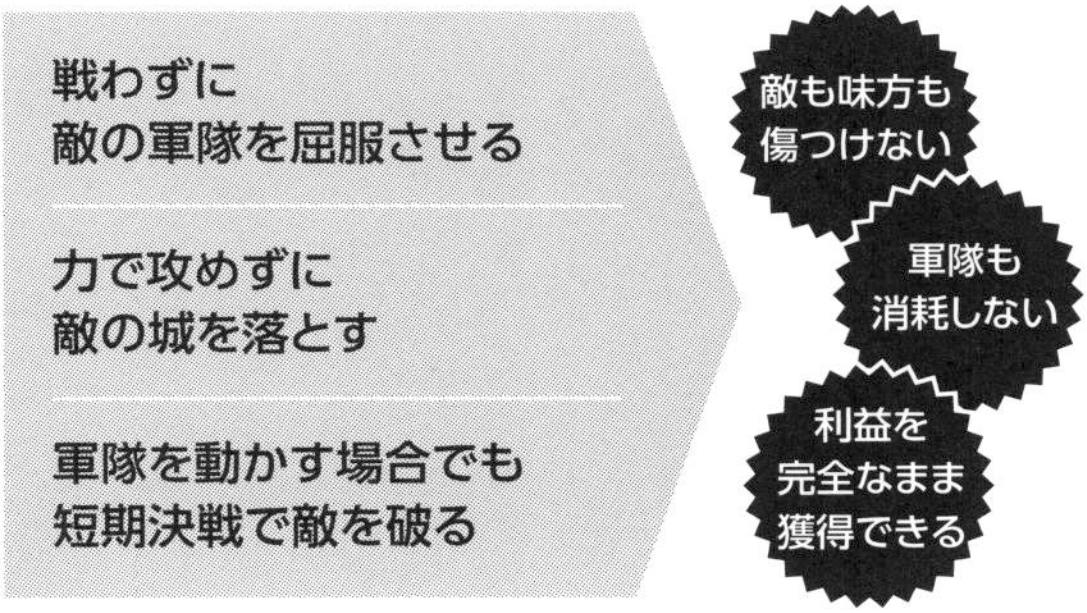

戦わずに
敵の軍隊を屈服させる

力で攻めずに
敵の城を落とす

軍隊を動かす場合でも
短期決戦で敵を破る

敵も味方も
傷つけない

軍隊も
消耗しない

利益を
完全なまま
獲得できる

自己コントロール力が必要

期にわたる戦争によるものではない。必ず、無傷で天下の勝利を争うのであり、そのため、自軍は疲弊せずに、相手の利益をそのままで獲得できる。これが知謀をもって攻める法則である。

【解説】

人生は戦い、そして競争であるから、心を張り、いつでも戦えるぞとの気概は必要である。しかし、その気概がすぐ行動に出て、相手と力ずくの戦いをするようではいけない。

最もよい生き方は、自分も相手も傷つかずに勝利することである。これには強い力を備えるだけでなく、強力な自己コントロール力が求められる。

本当の実力者・智恵者とは無闇に実力行使をするのではなく、最も損害の少ない方法を常に考え、それを実行する人のことをいう。

04

兵力によって敵軍との対し方は変化する

故に用兵の法は、十なれば則ちこれを囲み、五なれば則ちこれを攻め、倍なれば則ちこれを分かち、敵すれば則ち能くこれと戦い、少なければ則ちこれを逃れ、若かざれば則ちこれを避く。ゆえに小敵の堅は、大敵の擒なり。

【大意】

戦争の法則としては、自軍の兵力が敵の十倍であれば敵を包囲し、敵の五倍であれば敵を攻撃し、二倍であれば敵を分裂させて戦い、等しければ敵と巧みに戦い、少なければうまく退却し、あらゆる面で力が及ばなければ敵との衝突を避けるようにする。少

戦術の法則

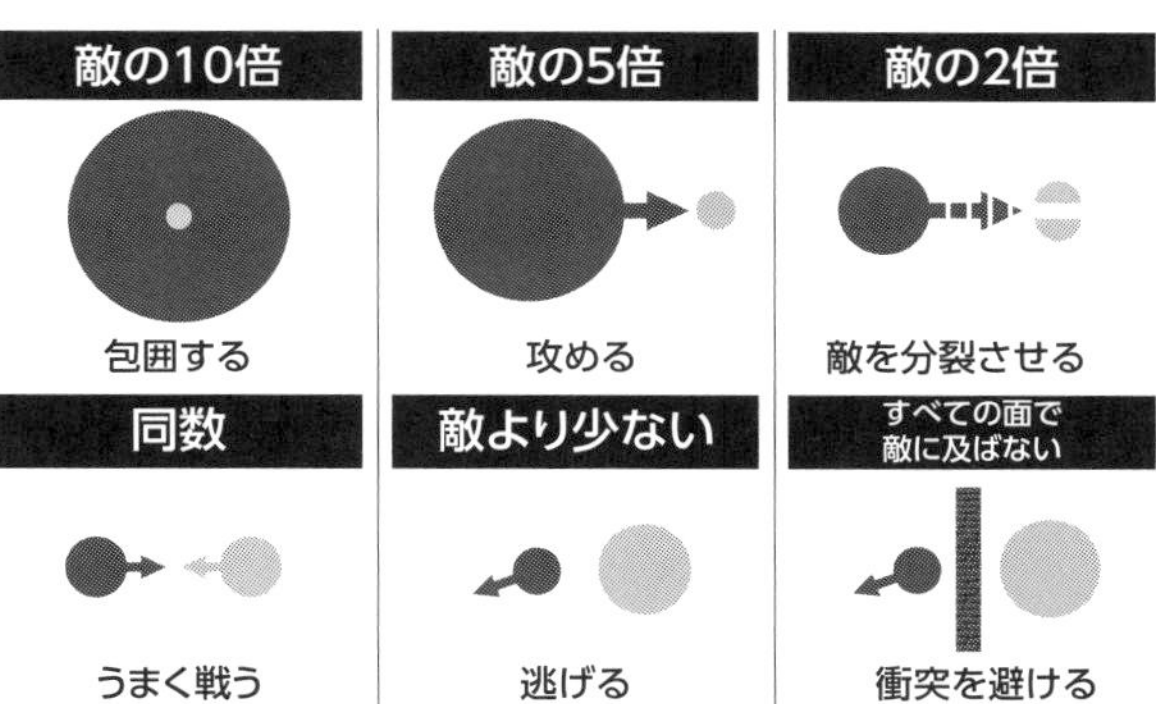

数の軍では大軍とは戦っても勝てないのが定石だからである。だから少数の軍なのに強気で無理に戦えば、大軍の捕虜になるだけである。

【解説】

織田信長は、奇襲攻撃で勝利した桶狭間の勝利から奇襲攻撃も得意と思われがちだが、戦い方はオーソドックスで、兵力が優位でない時の戦いはしないとの原則に従っていた。当時、最強と言われた武田軍に対しても、勝てるようになるまで時間を稼いだ。その戦い方から信長は『孫子』を読んでいたと言われる。智謀を使う前提としても、まず兵力の優位は戦いに欠かせない。こちらの兵力が小さいときは、大きく優位になるまでは戦いを避けることを考え抜くべきである。

05

主君と将軍の関係は距離を保つことが肝要

夫(そ)れ将たる者は国の輔(ほ)なり。輔周(しゅう)なれば国必ず強く、輔隙(げき)なれば則ち国必ず弱し。故に君の軍に患(うれ)うる所以(ゆえん)の者に三あり。軍の進むべからざるを知らずして、これに進めと謂(い)い、軍の退くべからざるを知らずして、これに退けと謂う。是(こ)れを軍を縻(び)すと謂う、三軍の事を知らずして、三軍の政を同じうすれば、則ち軍士惑(まど)う。三軍の権を知らずして、三軍の任を同じうすれば、則ち軍士疑う。三軍既に惑い且つ疑うときは、則ち諸侯の難至る。是れ軍を乱して勝を引くと謂う。

【大意】

そもそも将軍とは国の補佐役である。補佐役が主君と密接であればその国は必ず強くなり、補佐役と主君の間にすき間があれば国は必ず弱くなる。そこで主君が軍に関して起こしてしまう問題は三つある。第一は、軍が進撃してはいけないことを主君が知らないで進撃せよと命令し、軍が退却してはならないことを知らないで主君が退却せよと命令する。このように主君の勝手な振る舞いによって軍は不自由な状態になるのである。第二は、軍隊の事情を知らないのに将軍とともに軍隊の管理を行えば兵たちは迷ってしまう。第三に、軍における臨機応変の処置もわからないのに軍の指揮を将軍と同じように行うと兵は疑いを持ってしまう。軍が迷ったり、疑ったりすれば、隣国の諸侯たちが兵を挙げて攻めてくることになる。このように主君と将軍の間に距離があると、軍が乱れ、自ら勝利を取り去ってしまうことになるのである。

【解説】

軍を企業に置き換えれば、主君とは、企業であれば社長である。将軍とは、部門のトップ責任者といってよいであろう。

孫子は、権限の所在は主君にあって、その信任を得た将軍との関係が密で、信頼関係が厚い組織は必ず強くなるという。逆に関係が密でなく、あるいは、主君が将軍を信用しなければ必

主君と将軍

主君がやっていけないこと

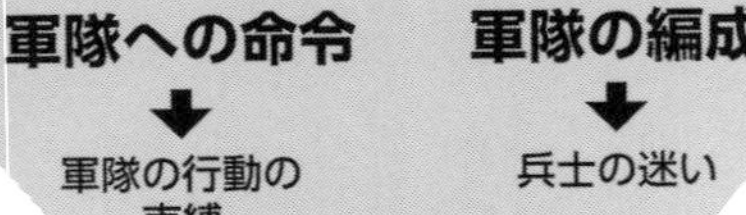

ず組織は弱くなるといえる。主君や企業の社長が、部門の責任者を無視して直接あれこれ現場に口を出すことは現場の混乱を招き、組織を弱くする恐れがある。

もし社長が部門のトップを信頼できないのであれば、直接現場を指揮するのではなく、部門のトップを交代させればよい。有能で信頼できるトップを置かない限り組織は弱くなる。

また、主君や社長などの最高権力者が陥りやすいのは、将軍や部門のトップ人事を能力や器量でなく、口のうまいお調子者を選んでしまうことである。信頼の前提は、戦いや競争に勝てる将としての能力を有していることなのである。

企業のトップとNO2の理想的な関係と言えば、思いつくのはいろいろとある。ホンダの本田宗一郎と藤沢武夫、パナソニックの松下幸之助と高橋荒太郎――。ここではソニーの井深大と盛田昭夫の関係を紹介しよう。

一時代をつくったソニーのウォークマンは、井深のリクエストで試作品がつくられた。当初、経営陣は録音機能のないカセット機器の販売を危ぶんだが、盛田が関係各位へ働きかけて製品化となった。そして世界的な大ヒットとなったのである。

後年、井深が文化勲章を受章したとき、会見で井深をサポートしたのは盛田だった。トップとNO2が信頼で結ばれているからこそ、組織が効果的に機能したのである。

06

勝利を確実にする五つの要点を弁える

故に勝を知るに五あり。戦うべきと戦うべからざるとを知る者は勝つ。衆寡の用を識る者は勝つ。上下の欲を同じくするものは勝つ。虞を以って不虞を待つ者は勝つ。将の能にして君の御せざる者は勝つ。此の五者は勝ちを知るの道なり。

【大意】

勝利を手にするには五つの要点がある。第一に、戦うべきか戦わざるべきかを知る者は勝つ。第二に、大軍と少数の軍のそれぞれの用兵の使い分けができる者は勝

勝ちを知る要点

1. 戦うべきか戦わざるべきかを判断できるか?
2. 兵の寡多によって使い分けができるか?
3. 上の者と下の者の心が一つであるか?
4. 油断している敵に、十分な備えをもって対しているか?
5. 将軍が有能で、かつ、主君が干渉しないか?

つ。第三に、立場の上の者と下の者が心をひとつにしていれば勝つ。第四に、準備を怠らず、油断している敵と対すれば勝つ。第五は、将軍が有能で、主君がそれに干渉しなければ勝つ。これらの五つが勝利を知るための方法である。

【解説】

孫子は勝利を手にする要点として五つを挙げている。

その最後に将軍、すなわち自分を補佐する長に有能な者を用い、その長に権限を与え、主君があれこれ干渉しないことを求めている。時に権力者の陥りやすい弊害の一つである。

成果を挙げるには主君と将軍の信頼関係が大切であり、主君は無意味で、余計な干渉をしないことである。

07

敵を知り、己を知れば、すべて勝つ

故に曰わく、彼れを知り己を知れば、百戦して殆うからず。彼れを知らずして己を知れば、一勝一負す。彼れを知らず己を知らざれば、戦う毎に必ず殆うし。

【大意】

敵軍のことを知って自軍のことを知るならば、百回戦っても百回勝てるし、敵軍のことを知らないで、自軍のことを知っていれば五分五分となり、敵軍のことを知らないで自軍のことも知らなければ、どの戦いも危うい。

敵を知り、己を知る

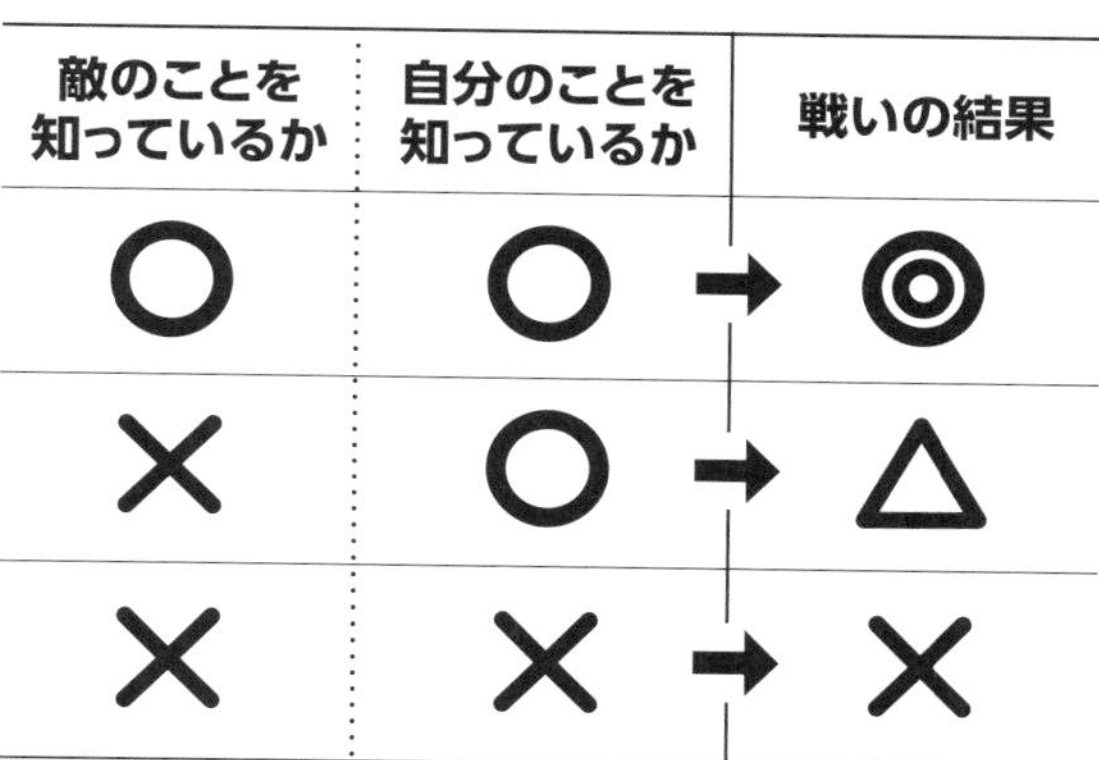

敵のことを知っているか	自分のことを知っているか	戦いの結果
○	○ →	◎
×	○ →	△
×	× →	×

【解説】

互いによく知るライバルとの戦いは、なかなか勝負がつかないものだ。『孫子』にならって相手を研究したとしても、相手もこちらを研究するので、思い通りには進まない。

好例と言えるのが、甲斐の武田信玄と越後の上杉謙信の川中島の戦いだろう。

北信濃の支配権を競う両者は一二年の間に五度におよぶ戦いを「川中島」で繰り広げた。明確に勝敗がついたものはない。信玄は謙信を「日本無双の武将」と呼び、謙信の挑発にはなかなか乗らなかった。ただ、戦う時は兵の数は武田側が多かった。それだけ上杉側の応戦が激しかったことがうかがえる。

第4章　形篇

負ける戦争はしない

自軍は必ず態勢をつくり、戦う前にその準備を終わらせることで、波乱が起きることなく勝利を確実に手中に収められる

the
ART
of
WAR
by Sun Tzu

01

勝利の第一歩は絶対に崩れない守備

孫子曰わく、昔の善く戦う者は、先ず勝つべからざるを為して、以て敵の勝つべきを待つ。勝つべからざるは己れに在るも、勝つべきは敵に在り。故に善く戦う者は、能く勝つべからざるを為すも、敵をして勝つべからしむること能わず。故に曰わく、勝は知るべくし、而して為すべからずと。

勝つべからざる者は守なり。勝つべき者は攻なり。守は則ち足らざればなり、攻は則ち余り有ればなり。善く守る者は九地の下に蔵れ、善く攻むる者は九天の上に動く。故に能く自ら保ちて勝を全うするなり。

【大意】

孫子は言う。伝わるところによると、戦の上手な者は、まず自軍を固めて敵に勝たせない態勢を整え、それから敵が弱いところを見せて誰でも確実に勝てる時期を待つようにした上で、敵が弱点を露呈して誰でも勝てる態勢になるのを待った。誰も打ち勝てない態勢を自軍に作り、誰でも勝てる態勢に敵軍がなるのを待つ。だから、戦の上手な者が、自軍を固めて誰も打ち勝つことができないようにはできても、敵軍が弱点を見せて、誰でもが勝てるような態勢にすることはできない。それが、「勝利がわかっていても、それを必ず達成できるとは限らない」と言われる所以だ。

誰にも打ち勝てない態勢とは守備についてのことである。誰でも打ち勝てる態勢というのは攻撃についてのことである。守備を固めるのは戦力が不足しているからで、攻撃するのは戦力に余裕があるからだ。守備の上手な者は大地の底の奥深くに潜み、攻撃の上手な者は天界の高みで行動する。どちらにしても、その姿を現わすことがない。だから自軍を安全にして完全な勝利を手にすることができるのだ。

【解説】

戦いは自軍の守備と敵への攻撃からなる。
守備というのは自分でできることである。敵への攻撃は敵の存在が必要なので、

完全な勝利の方法

まず敵を勝たせない
態勢（守り）を整え、
敵に勝てる時期を待つ

●態勢を整えるのは自分でできるが、
勝てるかどうかは敵の状況しだい
●味方が勝てる態勢は作り出せない

味方の不足を
なくす

敵に勝てる状況になったら
攻撃する

●自分の態勢に余裕があるから攻撃できる

味方を保全したまま
完全な勝利をおさめることができる

こちらの思うようにいくものではない。となると、戦いに負けないためには、まずは絶対に破れないような守備で自軍を固めておくべきだ。

その上で、敵の状況を正確に把握しておくことだ。次にこちらの戦力が十分あって、攻撃のチャンスを見出した時に鋭く突くように準備をしておく。これが、自軍が負けない戦い方である。

なお、守備は敵に気づかれないように進めることが求められる。守備を固めているのが知れると、固めきる前に敵は攻めようとするかもしれないからだ。

また、同じく攻撃する時も敵に気づかれないように準備し、一気に攻めるようにすることが必要だ。

固い守備が戦争の流れを変えた例としては、百年戦争のオルレアンの戦い（一四二八年）がある。仏が支配するオルレアンは戦略上、重要な都市だった。守備を固めていたオルレアンも、英による攻撃に苦しめられ、敗色濃厚となった。そこに現れたのが「救国の乙女」ジャンヌ・ダルクだった。当時の仏では、武装した少女が国を救うという予言があり、彼女の登場で、フランス軍はオルレアンを包囲する英軍を撤退させた。これにより、大陸での英の影響力は下降していった。

02

戦争を始めるときは勝利を確実にしてから

勝を見ること衆人の知るところに過ぎざるは、善の善なる者に非ざるなり。戦い勝ちて天下善なりと曰うは、善の善なる者に非ざるなり。故に秋毫を挙ぐるは多力と為さず、日月を見るは明目と為さず、雷霆を聞くは聡耳と為さず。古えの所謂善く戦う者は、勝ち易きに勝つ者なり。故に善く戦う者の勝つや、奇勝無く、智名無く、勇功無し。故に其の戦い勝ちて忒わず。忒わざる者は、其の勝を措く所、已に敗るる者に勝てばなり。

故に善く戦う者は不敗の地に立ち、而して敵の敗を失わざるなり。是の故に勝兵は先ず勝ちて而る後に戦いを求め、敗兵は先ず戦いて而る後に勝を求む。

大意

勝利を分析するのに、市井の人々の判断と同じように結果から判断するのでは優れているとはいえない。まだ態勢のはっきりしないうちに分析しなければならない。戦に勝ち、市井の人々と同じように誉め讃えるのは、優れているとはいえない。無形の勝ち方をしなければならない。そのため、軽い毛一本を持ち上げられるからといって力持ちとは言えず、太陽や月が見えるからといって目が鋭いとはいえず、雷の響きが聞こえるからといって耳がよいとはいえないのである。古来より戦上手といわれている人は、勝ちやすい状況を巧みに作り上げて戦に勝ったのである。だから戦上手といわれている人は、人目を引くような勝ち方ではなく、智謀の優れた名誉もなければ、武勇の優れた功績もないのだ。戦上手の人が戦えば間違いなく勝つが、その間違いない勝利とは、戦う前に勝つための準備をすべて終えて、なす術もなくすでに破れることが確実になった敵に勝ったものだからである。

だから、戦上手といわれている人は、絶対に負けない態勢をつくっておいてから、敵が態勢を崩したその時を見逃さないのである。このように、勝利する軍とは、まず勝利を確実にしてから戦いを始めるが、敗れる軍隊はまず戦ってみてから勝利を求めようとするのである。

【解説】 この項の『孫子』の見解によると、三国志の英雄である諸葛孔明は、最高の戦巧者ではないかもしれない。孔明が神業のごとく智謀をくりだし、いくつもの危機を乗り越えるのは、よく知られるところだ。

一方曹操は孫子研究の第一人者であるだけあって、いつも余裕をもって戦っているように見える。戦い上手はあたりまえのように勝つから、智謀の名声もないし、関羽や張飛のように武勇の功績も残らないといえる。『孫子』の意に沿うなら曹操の方が戦巧者と言える。

『三国志演義』での孔明や関羽、張飛の活躍には胸が踊る。しかし、真の実力者は名を知られることもなく、当たり前のように勝つ人のことをいうのだ。孫子の兵法に学んだからには名前で人物を評価せず、勝つ状況をつくり出してから勝っているかどうかに注目したいものだ。

勝つ理由

普通の人は……

戦い方が巧い

智謀があったから

勇猛であったから

から勝つと思う

実は、本当の理由は……

勝ちやすい状況・
絶対に負けない態勢を
作ってから戦う

敵の敗れる機会を
見逃さなかった

から勝つのだ

負ける軍隊	勝つ軍隊
まず戦う	勝つ状況を作り出す
▼	
勝利を目指す	戦う

03

戦の巧みな人は政治的手腕も優れている

善く兵を用うる者は、道を修めて法を保つ。故に能く勝敗の政を為す。

【大意】

戦いの上手な者は、人心を一体にできるようによい政治をして、さらに軍の編成など軍制などを遵守する。だから戦争が始まったとき、兵が思うように動き、勝敗を決することができるのである。

【解説】

実際の戦いにいつも勝つ人というのは、まず何よりも態勢づくりが優れているのである。つまり、人の心を一つにし、しっかり規律を守らせる。だから強いのだ。

善く兵を用うる者は……

勝敗を左右できる

戦に強く、政治家として優れている歴史上の人物と言えば曹操が頭に浮かぶ。「治世の能臣、乱世の奸雄」とも呼ばれた曹操は、よく戦に勝った。

後漢末期、董卓に反旗を翻し、歴史に躍り出た曹操は、多くの戦いに勝ち、力を蓄えていった。曹操が戦に優れていたのは、『孫子』に通じており、私たちが手にする『孫子』は曹操がまとめたといわれる。曹操は赤壁の戦いで敗れ、呉と蜀は勢力基盤を固めたが、曹操の優位は揺るがなかった。

政治家としても、曹操は非凡さをみせる。華北を勢力基盤とすることに成功した彼は屯田制を採用する。戦争で土地を失った流民に土地を与えて耕作させて、その作物を現物として納めさせた。天下の覇を競いながら、曹操は着実に自分の勢力基盤を固めていったのである。

04

戦いの五原則を使い勝利を確実にする

兵法は、一に曰く度、二に曰く量、三に曰く数、四に曰く称、五に曰く勝。地は度を生じ、度は量を生じ、量は数を生じ、数は称を生じ、称は勝を生ず。

【大意】

戦いの原則は次の五つとなる。第一に度（物差しではかること）、第二に量（枡目ではかること）、第三に数（数えてはかること）、第四に称（比較してはかること）、第五に勝（勝敗で考えること）である。戦場となる土地について、広さや距離で考える〝度〟という問題が起こり、度の結果、投入する物量を考える〝量〟という問題が起こり、量の結果については動員する兵数を考える〝数〟という問題が起こり、数の結果について、敵軍

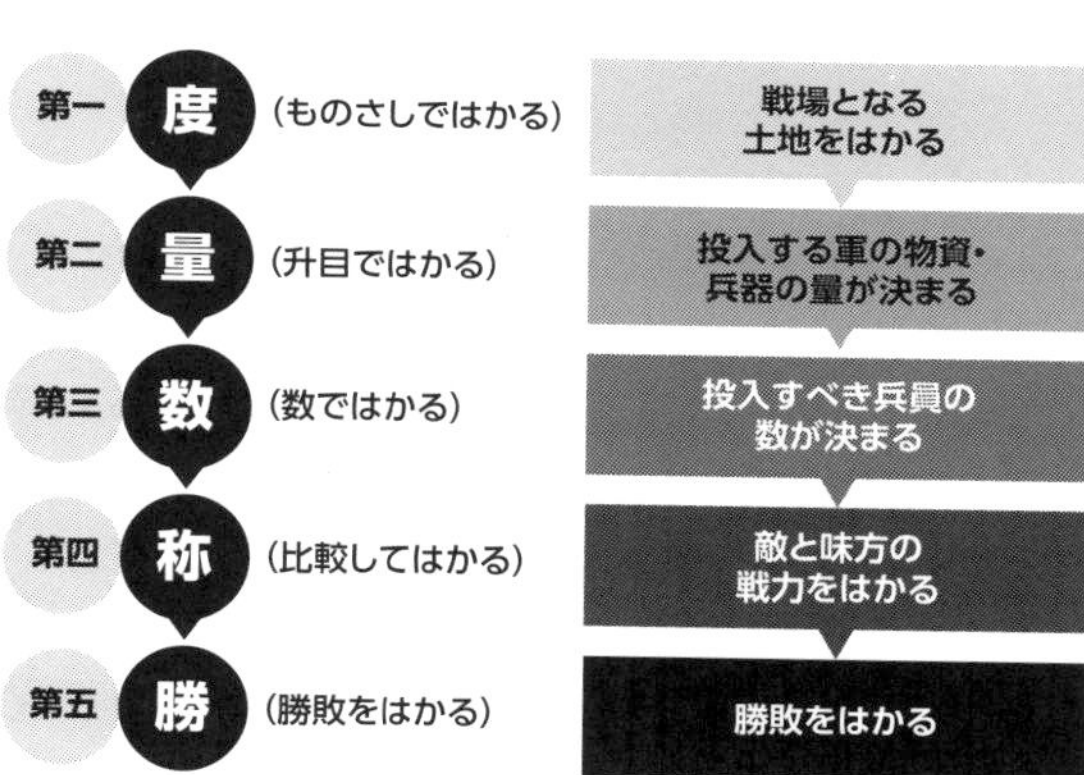

と自軍の能力を比較して考える〝称〟という問題が起こり、称の結果については勝敗を考える〝勝〟という問題が起こるのだ。

【解説】 太平洋戦争におけるマリアナ沖海戦(一九四四年)は、勝てる見込みのない作戦だった。これで、日本は空母や艦載機、潜水艦などの多くの戦力を失った。結果として西太平洋の制海権、制空権をアメリカに渡すことになった。

太平洋での戦闘で戦力を失っていた日本軍とアメリカ軍とでは、戦う前から戦力差は明らかだった。また、マリアナ沖で日本軍がアメリカに決戦を挑むことは、諜報活動によってすでにアメリカ側が知る所だった。守備を怠っては戦いには勝てないのは孫子の説くところだ。

05

勝利には理由があり、敗北にも理由がある

故に勝兵は鎰(いつ)を以て銖(しゅ)を称(はか)るが若(ごと)く、敗兵は銖を以て鎰を称るが如し。

【大意】

勝利する軍というのは、前述の五つの原則を考慮するべきだ。十分な勝算があるというのは、重い鎰の目方をもって軽い銖の目方を比べるように、勝利は自明なのである。逆に敗北する軍というのは、軽い銖の目方で重い鎰の目方に比べるようなもので、これもまた敗北は自明のものである。

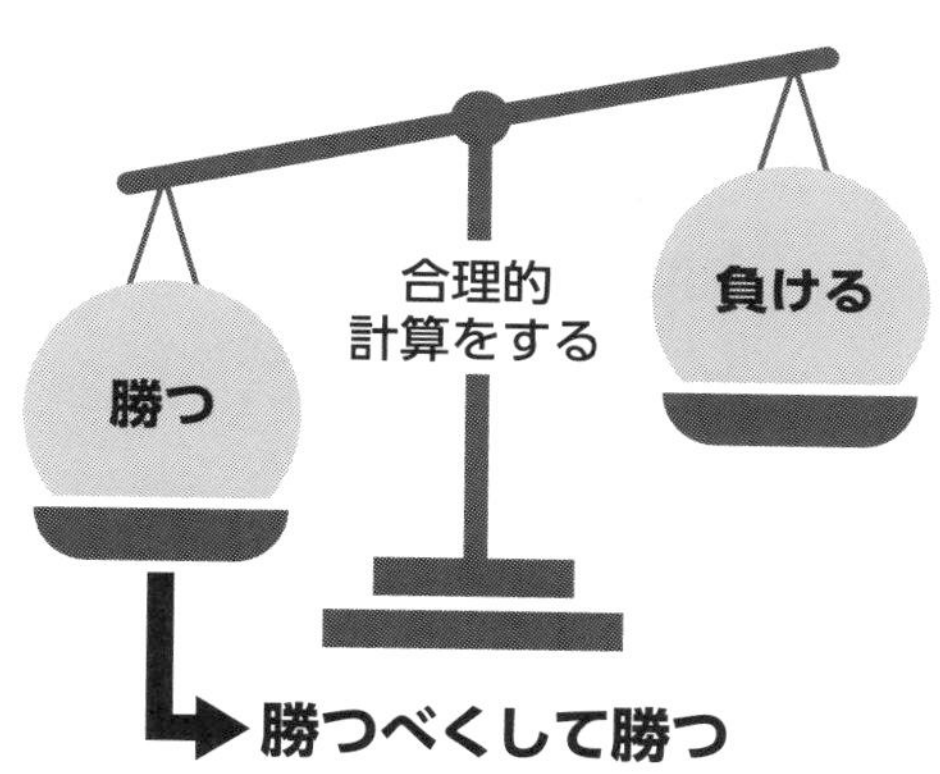

解説

勝利と敗北にそれぞれ理由があるとするなら、敗者の視点から太平洋戦争を捉えてみよう。『失敗の本質』によると、その前提として「大東亜戦争は客観的に見て、最初から勝てない戦争」としている。

日本軍が戦果を挙げられなかった理由には五つあり、「あいまいな目的」「上意下達」「リスク管理不備」「情報錯綜」「問題解決力不足」である。確固たる目的もないまま戦いを始め、戦況不利になっても対策をせずに、勝敗が決して新しい局面に入っても、それに対応した作戦を展開できなかったのだ。まるで死後硬直のように、何もできない状態の組織だったから、悲劇的な結末を迎えることは明らかだったのだ。

06

開戦時は激流の勢いで兵を動かすべきだ

勝者の民を戦わしむるや、積水を千仞の谿に決するが若き者は、形なり。

【大意】

決戦となり、民を兵として戦わせる場合、満々とたたえた水を奥深い谷底へ切って落とすような激しい勢いで一気呵成に攻めるのは勝者の方法である。

【解説】

戦いを決断し実行するのに、味方の犠牲のもとに何とか勝とうというのは戦いの形にならない。つまり勝利の態勢ではない。

ナポレオンの強さのひとつは、その機動力の高さだった。フランス革命後のフランス軍は、

攻撃に転じる時は

それまで戦争で戦う役目を担っていた貴族たちが国外へ逃げたため、民衆からなる「国民軍」であった。彼らは「祖国を守る」という強いモチベーションを持っていたので、機動力に長けていた。規律ある軍なので、行動も迅速だったため、フランス軍は相手の予測を超えたスピードで進軍し、相手が戦う準備をすませないうちに、攻撃できたのだ。

国民軍ということは、革命以前の身分格差が軍の中になく、活躍すれば誰でも軍で出世することができた。そのため、貧しくても才能があり野心に燃える若者が、多く志願して、軍はさらに質を上げていったのである。

第1章 計篇
第2章 作戦篇
第3章 謀攻篇
第4章 形篇
第5章 勢篇
第6章 虚実篇

第5章　勢篇

強さは相対的に変化

強さとは相手の状況などに影響を受け、相対的に変化するので、指揮官は状況に応じて士気をして、時には定石とは違う策も用いる

the
ART
of
WAR
by Sun Tzu

01

組織を整備し長所で相手の弱点を攻める

孫子曰わく、凡そ衆を治むること寡を治むるが如くなるは、分数是れなり。衆を闘わしむること寡を闘わしむるが如くなるは、形名是れなり。三軍の衆、畢く敵を受えて敗なからしむべきは、奇正是れなり。兵の加うる所、碬を以て卵に投ずるが如くなる者は、虚実是れなり。

【大意】

孫子は言う。戦争に際して、大勢の軍隊を統率するのに少人数の軍隊を統率するようにできるのは、軍の編制が優れているからである。大勢の軍隊を指揮して戦う

組織の力を発揮する

組織編制が優れていると……	多人数の軍隊を統率できる
陣形が整っていると……	多人数の軍隊を指揮できる
正規の戦法と変則的な戦法が巧みに変化できていると……	各方面から攻撃を受けても決して敗れない
味方の実(優勢)をもって**敵の虚**(劣勢)を撃つと……	石を卵にぶつけるように敵を打ち崩せる

のに少人数の軍隊を指揮するようにできるのは、旗や太鼓などによる指揮方法が優れているからである。大人数の自軍が、敵のどんな攻撃にも応じて、決して敗れないのは、変化に対応する奇法と定石通りの正法を上手く使い分けているからだ。戦争をする場合、まるで石を卵にぶつけるように容易に敵を打ち破るのは、充実し整備された自軍が隙の多い敵を撃つ、つまり味方の実(強い部分)で敵の虚(弱い部分)を攻撃するからである。

解説

戦いをする軍隊において大事なのは、組織としての力である。そのために組織編制や陣形や戦法の技術をよくマスターしておかなくてはいけない。同じ兵員数の軍隊でも、この技術でまったく違った力を発揮する。前項でフランス革命の後、ナポレオンにフランスに国民軍が生まれたことを説明した。フランスに限らず、世界各地で同じように国民軍が生まれる。日本も同様だ。江戸時代における武士は、戦争で戦う役割を担っていた。それが支配階層である彼らの権利とも言えた。わかりやすい特権のひとつが「苗字帯刀」だった。しかし、明治新政府は、まず武士に帯刀を禁止（一八七三年）した。さらに四民平等のもと、すべての国民に苗字を名乗れるようになった（一八七五年）。当然、武士階級からの反発はあった。不平を持つ士族は九州各地で反乱を起こした。「国民皆兵」の必要性から、徴兵制が採用され、政府軍が組織されたのである。各地の不満士族の反乱に対して、新政府は圧倒的な兵力、最新の軍備を投入して戦った。その総決算と言えるのが、一八七八年の西南戦争である。新政府軍はその三倍以上の一〇万もの兵で西郷隆盛をトップとする三万の反乱軍を制圧した。

西南戦争を新政府が鎮めたことは、士族という戦闘を専門とする階級の消滅を決定づけた。個人の鍛錬による技術の向上に頼る武力よりも、組織化され優れた軍備を持つ軍隊が優位に立つことの証明にもなった。

ただし、問題点も明らかになった。西郷をトップにする士族たちと政府軍の兵の士気の違いは明らかで、精神教育の充実がはかられるようになった。

コラム +1

家族は自分の主君であり、運命共同体

「男子家を出ずれば七人の敵あり」という故事がある。男子に限らないが、「社会に出れば自分以外は皆敵なので注意せよ」という古来からの戒めである。裏を返せば、安全なのは家の中だ。だからこそ家族は大切にしなければならないし、家族とうまくつき合っていくことは、人生でも最重要事項の1つといえるだろう。

家族は国や主君のようともいえ、失ってはならない、大事なものである。特に気を付けたいのは子どもの育て方だ。たとえば子どもに無理に猛勉強させるなど、子どもの人生を親の考えに押し込んではいけない。一方で、子どもをいくら愛しているからといって、甘やかしすぎてもいけない。こうした過干渉があったり、きちんとしたしつけがなされていなければいつか家族はまとまりをなくし、バラバラになってしまうだろう。

では夫婦のつき合いはどうか。結局のところもともとは他人である。互いの関係を悪くしないように気を遣うだけでなく、ときには「利」を示してみよう。プレゼントをしたり、一緒に食事をしたり、グチを聞いてあげたりしてお互いを思いやることが重要だ。

02

正攻法と奇襲法を組み合わせ敵を攻撃する

凡そ戦いは、正を以て合い、奇を以て勝つ。故に善く奇を出だす者は、窮まり無きこと天地の如し。竭きざること江河の如し。終わりて復た始まるは、四時是れなり。死して復た生じるは、日月是れなり。声は五に過ぎざるも、五声の変は勝げて聴くべからざるなり。色は五に過ぎざるも、五色の変は勝げて観るべからざるなり。味は五に過ぎざるも、五味の変は勝げて嘗むべからざるなり。戦勢は奇正に過ぎざるも、奇正の変は勝げて窮むべからざるなり。奇正の還りて相い生ずることは、環の端なき

が如し。孰（たれ）か能（よ）くこれを窮めんや。

【大意】

およそ戦いとは定石という正攻法でもって、不敗の地に立ち、敵と交戦する。そして、状況の変化に応じて奇法、つまり変則的な戦術を効果的に使って敵に勝つのである。そのため、うまく奇法を用いる軍は、その変化は天地の運行のようにとどまることはなく、黄河や長江という大河の水のように尽きることはない。

終わって、また始まる、それを繰り返すのが四季であり、暮れて、また明るくなる、それを繰り返すのが日月である。音階は五声からなる。宮、商、角、徴、羽の五つに過ぎないが、その五つの音階が組み合わさった変化は無限で、聞き尽くせない。色は五色からなる。青、赤、黄、白、黒の五つに過ぎないが、その五つの色が交じり合った変化は無限で見尽くせない。味は五味からなる。酸、辛、鹹、甘、苦の五つに過ぎないが、その五つの味の組み合わせの変化は無限で、味わい尽くせない。それらと同じように、戦いの勢いは奇法と正法の二つに過ぎないが、奇法と正法のこの二つの交じり合った変化は無限でとても究めつくせない。奇法と正

正と奇

法が互いに出てくる、つまり奇の中に正があり、正の中に奇があるというこは、丸い輪のように無限に循環するもので、それは誰にもきわめられるものではないであろう。

解説

戦いの準備は必ず勝つと言えるところまでやるが、実際の戦い方は正攻法と奇法・奇策を用いて行う。その戦術の組み合わせは無限である。

だからいつも勉強を怠らずにいなければならない。正攻法ばかりにこだわっていると、敵の奇襲にあったりして混乱してしまうことがある。こちらは実力をもって正攻法による戦いをしつつも、相手（敵）に「やっぱり、絶対かなわない」と思わせるほどの戦術を繰り出すことも必要である。

たとえば、第二次世界大戦における連合軍のノルマンディー上陸作戦などはこの例と言えよう。アメリカの参戦でヒットラー率いるドイツ軍は徐々に追いつめられていった。連合軍はさらに奇策ともいうべきノルマンディー上陸作戦の決行である。作戦当日だけで一三一万人をイギリスから上陸させて、欧州反攻の口火を切った。この作戦の成功でほぼ勝利を決定づけたといえよう。

03

勢いと力強さが攻撃での二本の柱となる

激水の疾くして石を漂わすに至る者は勢なり。鷙鳥の撃ちて毀折に至る者は節なり。是の故に善く戦う者は、其の勢は険にして其の節は短なり。勢は弩を彍くが如く、節は機を発するが如し。

【大意】

激流がその速さで岩をも押し流してしまうのを勢という。鷙や鷹などの猛禽がものを壊してしまうほど強烈な一撃を加えるのが節という。このように戦いの上手な者は、その勢は激しいものだし、節は強く迫るものだ。勢は石弓を引き絞るように力を溜める

「勢」と「節」

●激しく、速い
●エネルギーが充満している

●一瞬 ●素早い

ものであり、節はその引きがねを引くように力を解き放つものである。

【解説】 どんなに強いスポーツチームでも試合の時に集中して、勢いを作り出し、実力を一気に出し切らないと、思わぬ苦戦をすることがある。一敗地にまみれることだってあるのだ。

ましてや戦争においては、無意味な消耗や損害を避けて最大限の効果をおさめるためには、「勢」と「節」の正しい運用が求められる。

一五八二年、本能寺の変の一報を聞いた羽柴秀吉は、早々に講和し、京へ引き返した。二三〇キロを一〇日で京に戻って、仇の明智光秀を討った。まさに勢と節の好例である。

04

混乱を治めてこそ戦う態勢が整う

粉粉紜紜として、闘乱して乱るべからず。混混沌沌として、形円くして敗るべからず。乱は治に生じ、怯（きょう）は勇に生じ、弱は彊に生ず。治乱は数なり。勇怯（ゆうきょう）は勢なり。彊弱は形なり。

【大意】

敵と味方が入り交じった混戦の状態でも軍を乱さず、軍の統制を保ってなくなっても陣形が崩れずに破られることがない。混乱は整合から生まれる。臆病は勇敢から生まれる。脆弱さは強靱さから生まれる。安定していると思っても、揺らぎ、不安定となる

戦いの中での変化に対応する

戦いの中では状況によって
統制・戦意・気力が移り変わりやすい。
常に下記の点に注意しつつ、戦わなければならない。

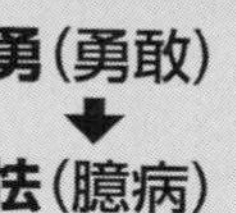
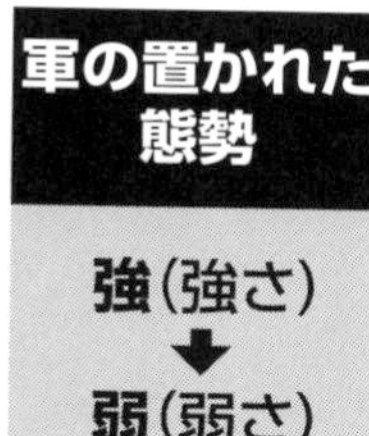

軍隊の編成	戦いに入るときの勢い	軍の置かれた態勢
整（整然） ↓ 乱（混乱）	勇（勇敢） ↓ 怯（臆病）	強（強さ） ↓ 弱（弱さ）

ものだ。混乱か整合かは軍の編成（分数）の問題である。憶病か勇敢かは戦の勢い（勢）の問題である。脆弱か強靭かは軍の態勢（形）の問題である。だから、分数と勢と形を心に留めてこそ、整合と勇敢と強靭を得られる。

【解説】

戦いにおける軍隊は、統制されているかどうかや戦意・気力があるかどうか、そして実力があるかどうかが大切である。しかもこれらは移り変わりやすいものだ。いくら強い軍隊でも、戦いの状況によっては混乱し、弱くもなりかねない。だから常に数（編制）、勢（戦いにおける勢い）、形（軍の態勢）に注意しつつ戦うようにしなければならない。戦いにおける変化を見逃さずに、それへの対応法をいつも考えておくことである。

05

敵をおびき出して攻撃する

故に善く敵を動かす者は、これに形すれば、敵は必ずこれに従い、これに予(あた)うれば、敵必ずこれを取る。利を以てこれを動かし、詐(さ)を以てこれを待つ。

【大意】

うまく敵を誘い出せる者は、わかるように敵に餌を撒くと、敵は必ずそれに喰いついてくる。何かを敵に与えると必ず敵は手を出す。つまり、利益を見せて、敵を誘導し、裏をかいて敵を攻撃するのである。

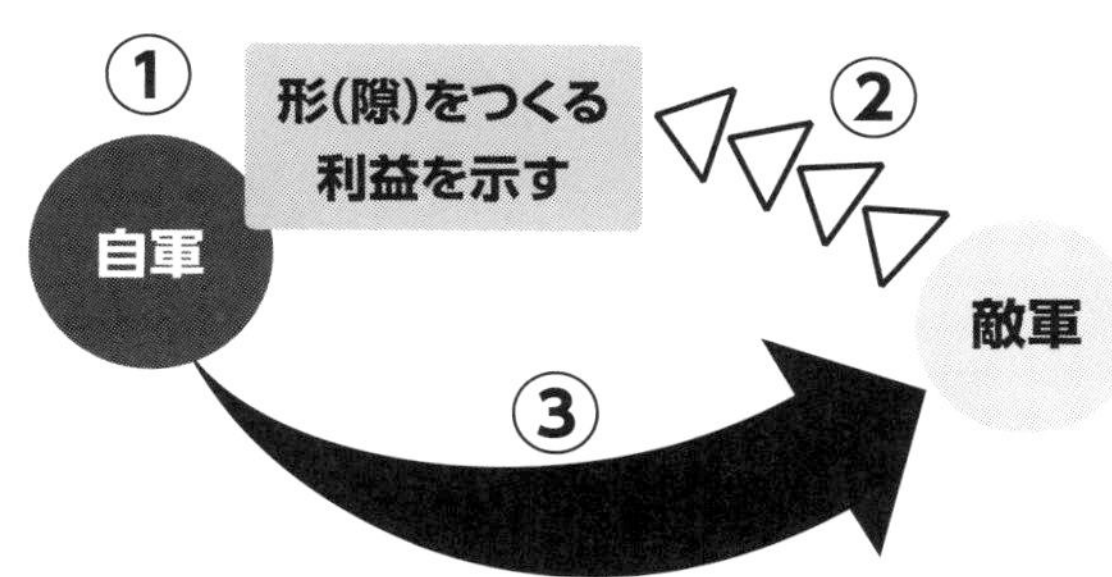

【解説】

戦いにおける作戦で主導権を握れば、自らの軍隊を最も勢いのある状態で敵とぶつからせることができる。

官渡の戦いで曹操に敗れた袁紹は再起を狙って再び兵を挙げた。勢いをつけて迫る袁紹を曹操は自陣の近くに誘い込む。誘い込む先鋒の役割は許褚が受けた。許褚は夜襲をかけ、戦っては少し引き下がり、また戦って少し引き下がり、徐々に曹操の陣にまで誘い込んだ。陣の周囲には左右あわせて十の部隊を潜ませて置き、誘い込まれた袁紹軍に次々と襲い掛かった。あらゆる方向から攻撃を受けた袁紹は命からがら逃げだすが、その道中で病に倒れ、没した。

わざとスキを見せたりワナを仕掛けたりして、敵をこちらの戦いやすい場所に誘導することで、圧倒的に有利に戦えるのである。

06

軍に勢いをつけるのは能力のある兵である

故に善く戦う者は、これを勢(せい)に求めて人に責(もと)めず、故に能(よ)く人を択(えら)びて勢に任ぜしむ。勢に任ずる者は、其の人を戦わしむるや木石を転ずるが如し。木石の性は、安ければ則ち静かに、危うければ則ち動き、方なれば則ち止まり、円なれば則ち行く。故に善く人を戦わしむるの勢い、円石を千仞(せんじん)の山に転ずるが如くなる者は、勢なり。

勢をつくる

勝利を勢いに求めて、人にその責任を求めない

まず勢いをつくってしまう 人材の適切な配置 ➡ よく戦う兵士

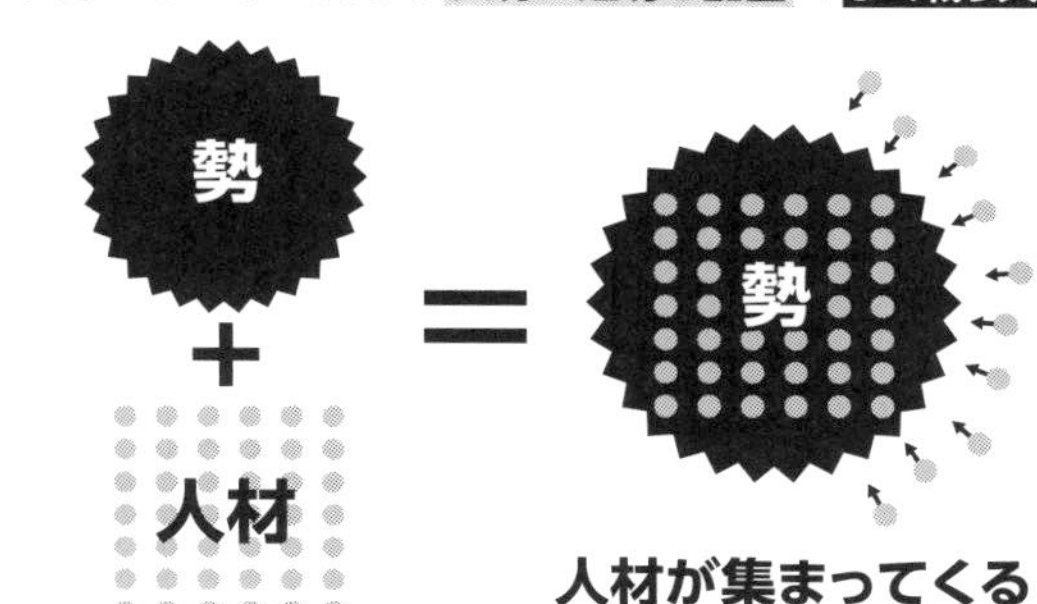

【大意】

戦巧者は、戦いの勢いによって勝利しようと求めて、人材に頼らないものだ。そうすることで、様々な長所を持つ人を戦場に送り、勢いのままに従わせることができる。そういう人物が兵を戦わせるのは、まるで木や石を転がすように簡単なものである。木や石の性質は、平なところに置けば静かで止まるが傾いたところに置けば動き出す。方形であれば止まったままだが、丸ければ動き出す。だから、戦巧者が部下を戦わせるという勢いは、丸い石を千尋の高い山から転がすようなものだが、これが戦いの勢いなのである。

【解説】

力のないリーダーの口癖は「人材がいない」である。また、成功できない人の悪いクセは結果を他人のせいにしてしまうことである。しかし、いつも勝利を手にするリーダーは個人の力だけに頼らず、したがって部下の責任を問うことなく、まず組織の勢いをつくってしまう。そこに人を投入すれば勢いの中で人も活きるし、人も育っていく。もちろん戦いにも負けることはないのである。

「三国志」の時代、どの国も人材不足に悩んでいた。魏、呉、蜀と三つの国が覇を競うのであるから、人材も三分されるのは当然だ。それぞれのトップは強烈な個性の持ち主だ。自分が思い描く国家を実現するために、兵を動かし、政をつかさどる。理想の実現には、実働部隊が必要になる。その人材がどの国も不足するのは、三つも国があるのだから当然だ。だから、有能な大臣や将軍が他国に引き抜かれるのは多々あった。中でも、魏の曹操は人材獲得に熱心だったと伝わっている。

曹操は「唯才」を掲げ、才能があれば道徳の規範に合わなくても手元に置いた。曹操が仕える後漢の国教は儒教で、登用されるにはまず清廉潔白でなければならなかった。しかし、そういう人物の数は限られる。それならば能力があることのみに絞って有能な人物を募ったのだ。

宦官の祖父を持つ曹操は、漢に仕える清廉潔白な士大夫の裏をよく知っていたのかもしれない。

コラム +1

「資本論」より「孫子」を好んだ毛沢東

多くの王朝が現れては消えていった中国。戦乱の世を生き残らなければならなかった彼らが手を伸ばしたのが『孫子』である。『論語』や『孟子』など役立つ書は数あれど、『孫子』ほど中国人の血となり肉となっている書はないだろう。

ビジネスにおける中国人は、ずる賢いと思われるほどにまず自分たちのことを優先する。中国人からしてみると「自分たちを優先するから厳しい世の中を生きていける」ということだ。何より大切なのは自分と家族、血族なのである。

それは国家で考えても同じだ。中国の指導者の中でも特に『孫子』を愛読していたのが毛沢東であることはよく知られている。マルクスの『資本論』よりも、『孫子』を好んで読んだとも伝わるほどである。

毛は日中戦争を戦いながらもコミンテルン（国際的共産主義組織）やアメリカ政府とコンタクトをとって共産党革命を成功させる下地を作った。中国国民党を駆逐し、日本軍に勝利し、国民の支持を得たのは、『孫子』の教えがあったからだといわれている。

第6章　虚実篇

敵の力を分散させる

隙のある状態にした敵を、充実した自軍によって攻撃して、戦いによって自軍の被害を出すことなく勝利を確実なものにする

the
ART
of
WAR
by Sun Tzu

01

先に有利な立場に立ち、主導権を握る

孫子曰わく、凡そ先に戦地に処りて敵を待つ者は佚し、後れて戦地に処りて戦いに趨く者は労す。故に善く戦う者は、人を致して人に致されず。能く敵人をして自ら至らしむる者はこれを利すればなり。能く敵人をして至るを得ざらしむる者はこれを害すればなり。ゆえに敵佚すれば能くこれを労し、飽けば能くこれを饑えしめ、安んずれば能くこれを動かす。

主導権を握る

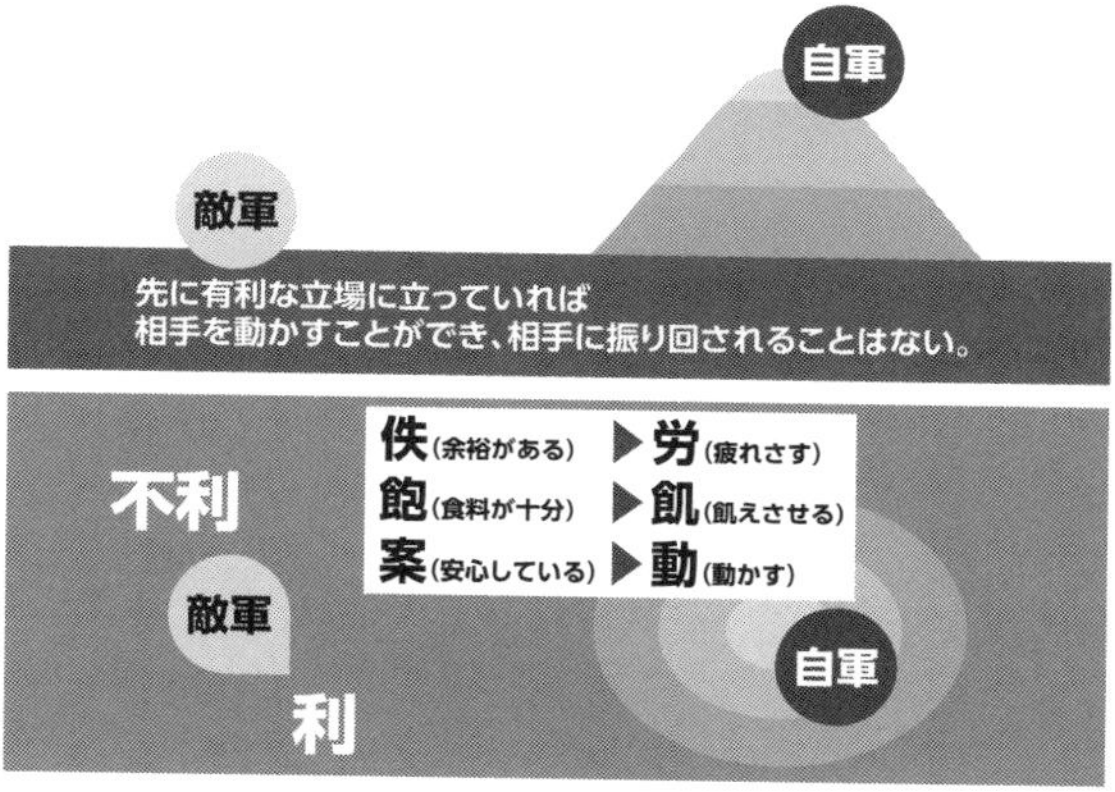

自軍
敵軍
先に有利な立場に立っていれば
相手を動かすことができ、相手に振り回されることはない。

佚（余裕がある）▶労（疲れさす）
飽（食料が十分）▶飢（飢えさせる）
案（安心している）▶動（動かす）
不利
敵軍
自軍
利

【大意】

孫子は言う。戦争の際に敵より先に戦場に着いて敵の来るのを待ち構えれば楽だが、遅れて戦場に着いてから戦う軍は苦労する。これが実（備えている部分）と虚（備えていない部分）である。だから、戦巧者は、主導権を自分が握り、敵を思いのままにして、自分が敵の思いのままにされることはない。

敵をおびきだせるのは、敵に利益を示して誘うからである。敵を来させないようにできるのは、害があることをわからせ、その場に足どめするからである。つまりこちらが実であることができる。だから、敵が休息し安心していれば、敵を疲弊させることができ、敵に兵糧が十分あり、食事に満足していれば、飢えさせることができ、平穏に安らいでいれば、誘い出すこともできる。つまり実の敵を虚にするのである。

【解説】

「先んずれば人を制す」ということである。

まず、こちらが先に有利な場所に立って敵を自在に動かせば、勝利はより確実となるのである。逆に、先に相手に有利な場所に立たれると、戦い方が後手となり、苦労する。

歴史上、思いもつかない作戦はいくつも数えられるだろうが、その筆頭ともいえるのが第二次ポエニ戦争におけるハンニバルのアルプス越えだろう。ハンニバル戦争とも呼ばれるこの戦争は、まずカルタゴ軍がイベリア半島からピレネー山脈、アルプス山脈を越えてイタリア半島に攻め込み、機先を制し、ローマに強烈な一撃を食らわせたのである。

地中海の制海権を争っているカルタゴとローマは、第一次ポエニ戦争を起こし、カルタゴが敗れた。その結果、シチリア島をローマに割譲することになる。商才に長け、軍事力のあったカルタゴはシチリアで失った利益を、イベリア半島で回復するべく、勢力を伸ばしていった。しかし、ローマもイベリア半島に勢力を拡大しており、両者は対立し、ついに戦火は開いた。

ローマはまさか北側、つまりアルプスを越えてカルタゴ軍が襲ってくるとは思わず、元老院はパニックに陥ったという。どんな戦いも、まずは先手必勝を目指すべきであろう。

コラム +1

敗北は明らかだった真珠湾攻撃

一九四一年一二月八日、日本海軍がハワイ真珠湾のアメリカ海軍基地を襲撃。日本はアメリカ、イギリスの二国に宣戦布告したが、なんとアメリカへ正式の通告が、予定よりも1時間20分も遅れてしまった。これに激怒したのがフランクリン・ルーズベルト大統領だ。公約で不参戦を掲げていたのにもかかわらず「アンフェア」「卑劣なだまし討ち」と非難し、アメリカは「真珠湾を忘れるな」を合言葉にその日のうちに参戦を決めた。

日露戦争で日本海軍はバルティック艦隊を撃破し、列強の仲間入りを果たした。しかし、それは勝つべくして勝った戦いがあったからであった。日本海海戦において、バルティック艦隊は地球をほぼ半周していたうえに、合流すべき太平洋艦隊は日本海軍によって壊滅。そのうえ日本は補給が容易であったので、状況に応じた作戦を立てやすかった。「地の利」は日本にあったのだ。それを知っていたはずなのに、6000キロも先にあるハワイに奇襲をかけたのは、確かに「詭道」であったが、それ以上の意味はなかった。『孫子』の視点から考えれば、真珠湾攻撃はやってはならない作戦だったのである。

02

敵にこちらの行動を把握させない工夫

其の必ず趨（おもむ）くところに出（い）で、其の意（おも）わざる所に趨き、千里を行きて労（つか）れざる者は、無人の地を行けばなり。攻めて必ず取る者は、其の守らざる所を攻むればなり。故に善く攻むる者には、敵其の守る所を知らず。善く守る者には、敵其の攻むる所を知らず。微（び）なるかな微なるかな、無形に至る。神（しん）なるかな神なるかな、無声に至る。故に能く敵の司命（しめい）を為す。

自軍の体勢を隠す(1)

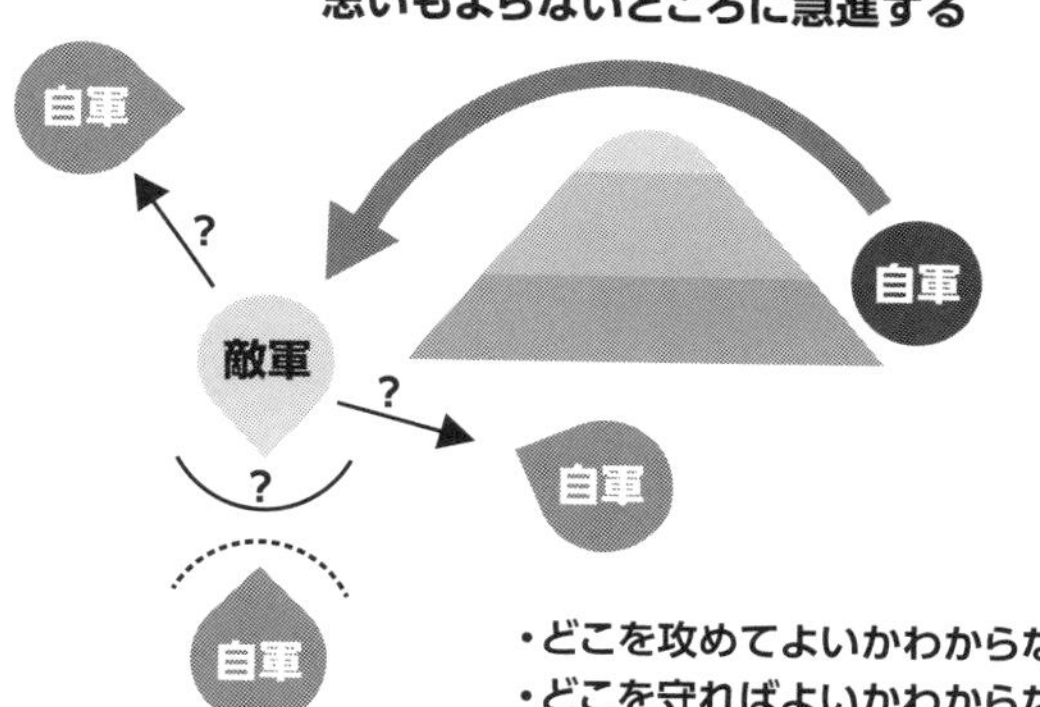

【大意】

敵が必ず救援に来れるような所を攻撃し、敵が思わないときに急襲し、遠い道のりを行軍しながらも疲れないというのは、敵の間隙を縫って、敵のいない土地を行軍しているからである。攻撃して必ず奪取できるのは、敵の無防備なところを攻撃するからである。守備が堅いのは、敵の攻めないところを守るからである。だから攻撃が巧みな者には、敵がどこを守ればよいかをわからせず、守備が巧みな者には、敵はどこを攻めればよいかわからせない。究極に至る戦いは形というものがなく、至高とも言える神がかった戦いは音さえない。このように敵の運命を左右できるのである。

孫子のいうところの「虚」とは劣勢、あるいは弱点とかスキのことで、「実」とは優勢、あるいは力とか強みのことだが、これは動かないものではなく、つくり出していくものとも考えている。

【解説】

第二次世界大戦は連合国と枢軸国の争いと言えるが、日本が含まれる枢軸国に、アメリカに勝って北米大陸を占領する力はなかった。つまり、「短期決戦・早期講和」を最初から狙っていたのだ。長期戦になれば、枢軸国が不利に傾いていく。連合国はそこを突く。物資が絶対的に不足していくのは明らかだったからだ。しかし、物資の不足を憂慮していた様子はない。太平洋戦争突入前、上奏した戦争計画に物資についてはほとんど触れていなかった。「全国民が一丸となって節約に励む」という無責任な一文が記されていたことがわかっている。

一方、アメリカは必要な物資を徹底的に計算した。連合国が枢軸国に勝つためには、どれだけの兵員、武器、弾薬などが必要で、不足ならつくり、いつ、どこに投入するかも考えつくしていたのだ。その結果、必要な物資がすべて揃うのは一九四三年という結論を出す。そこまでは枢軸国からの攻撃をしのいで、時間を稼いだのである。

アメリカは物資が不足している虚の部分を時間で補い、虚が実になったときに、反攻を開始して、勝利を手にしたのである。

コラム +1

管理できる部下の人数は？

「スパン・オブ・コントロール」という言葉を聞いたことがあるだろうか。経営学において、1人の管理職が同時にコントロールできる部下の人数を意味する。一般的には5~7人ほどだと言われており、それ以上を1人で管理しきることは難しくなる。

『孫子』にも「衆を治むること、寡を治むるが如くなるは、分数これなり」という一文がある。多くの人を管理する時に、少人数を統御するのと同じ効果をあげるには、人々をいくつかの集団に分けて編成するのがいいということだ。

孫子は部隊の最小単位を5人とした。限られたリソースしかない小さなチームの方が生産性が高いという調査もあるように、少人数のチームでそれぞれの役割を割り振られることで当事者意識や仲間意識が生まれチームがひとつになるのだ。

ただし、「スパン・オブ・コントロール」は、業務内容や業務レベル、システム、社内制度などの様々な要因によって左右されるとされている。チームの様子を見ながら、臨機応変に対応しよう。

03

敵の弱点を突いて自由に戦わせない

進みて禦（ふせ）ぐべからざる者は、その虚を衝けばなり。退きて追うべからざる者は、速（すみ）やかにして及ぶべからざればなり。故に我れ戦わんと欲すれば、敵塁（るい）を高くし溝（こう）を深くすと雖（いえど）も、我れと戦わざるを得ざる者は、其の必ず救う所を攻むればなり。我れ戦いを欲（ほっ）せざれば、地を画（かく）してこれを守り、敵我れと戦うことを得ざる者は、其の之（そ）く所に乖（そむ）けばなり。

戦いを有利にする方法

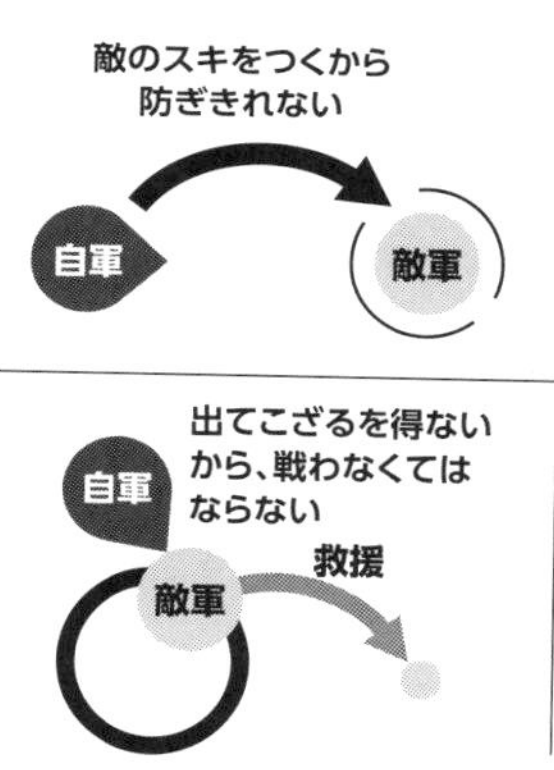

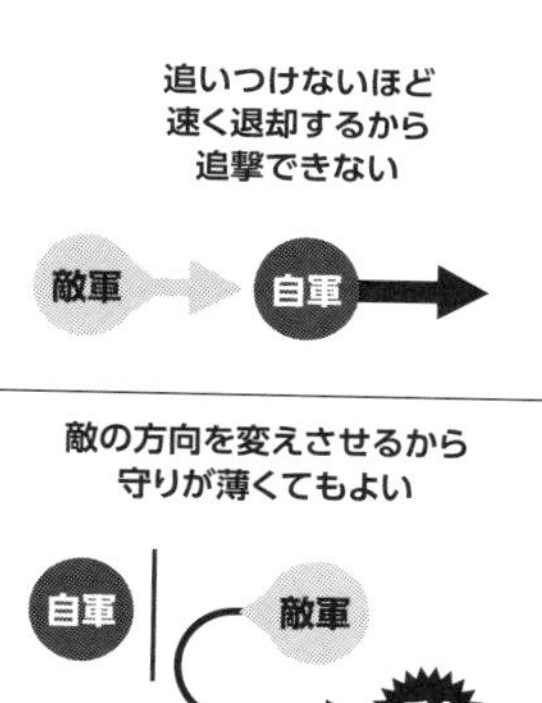

出てこざるを得ない
から、戦わなくては
ならない
自軍
敵軍
救援

敵の方向を変えさせるから
守りが薄くてもよい
自軍
敵軍
利

【大意】

自軍から進軍したとき、敵が防ぎきれないのは、敵の隙をついた進軍だからだ。退却するときに敵が追撃できないのは、追いつけないほど素早い退却だからである。そして、こちらが戦いを望み、敵が戦いを望まず、土塁を高く築き、堀を深く掘り、城に籠ったとしても、戦わざるを得ないのは、敵にとって必ず助けに行かなくてはならないところを攻撃するからである。守備を固めるまでもなく、地面に区切りの線を引いて守るだけでも、敵軍は自軍と戦えない。敵の向かう所をはぐらかすからだ。

【解説】

こちらが主導権を握り敵を振り回せれば、有利に戦える。また反対にこちらの動きは見えないようにするのが理想である。

04

戦力は集中させてこそ生きるものである

故に人を形(かたち)せしめて我形無ければ、則ち我専(あつ)まりて敵分かる。我れは専まりて一と為(な)り敵分かれて十と為らば、是(こ)れ十を以てその一を攻むるなり。則ち我衆(おお)くして敵は寡なきなり。能く衆きを以て寡なきを撃てば、則ち吾が与(とも)に戦う所の者は約なり。吾が与に戦う所の地は知るべからず、知るべからざれば、則ち敵の備うる所の者多し。敵の備うる所の者多ければ、則ち吾が与に戦う所の者は寡なし。故に前に備うれば則ち後(うしろ)寡なく、後に備うれば前(まえ)寡なく、左に備うれば則ち右寡なく、右に備うれば則ち左に寡なく、備えざ

る所なければ則ち寡なからざる所なし。

【大意】

敵には対策を立てやすいようにはっきりした態勢をとらせて、丸裸にし、こちらはその態勢を隠せば、自軍は敵の状況に合わせて、兵力を集中できるが、敵は疑心暗鬼となり兵力が分散する。

自軍はまとまって一団となり、敵軍が分散して十隊になれば、自軍は敵軍の十倍の兵力で攻撃できることになる。つまり自軍は多数で、敵軍は少数となる。多数で少数を攻撃できるというのは、戦力をまとめられているからである。戦おうとする地形の利が敵軍にはわからず、わからないから敵軍は多くの備えをする必要があり、敵が多くの備えをする必要があるということは、敵軍の兵力が分散するので、自軍と戦う敵軍はいつも少数になる。そのため、敵軍は前軍を固めて備えると後軍が少数になり、後軍を固めて備えると前軍が少数になり、左軍を固めて備えると右軍が少数になり、右軍を固めて備えると左軍が少数になり、いたるところを備えると、いたるところが少数になってしまう。

自軍の体勢を隠す(2)

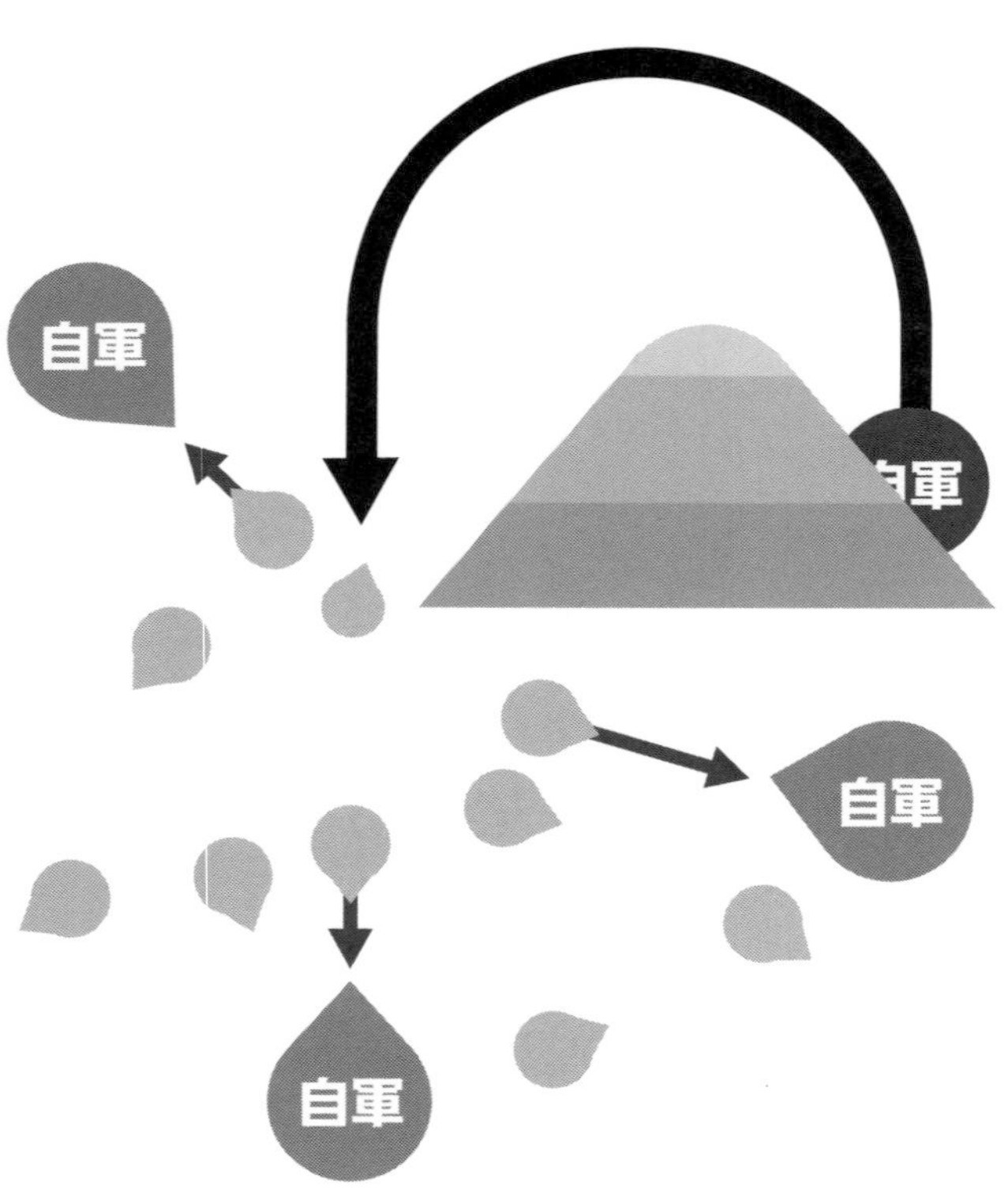

相手はこちらの態勢がわからないので
兵力を分散してしまう

孫子はここで、少数の兵力でも、戦い方で多数の兵力となりうることを教えている。

【解説】

そのために、こちらには敵の姿を全部明らかにするようにさせ、こちらの内情は隠してわからないようにさせておくことが大切である。そして敵の兵力を分散させて、こちらの兵力を集中するのである。戦力の集中は、戦いに勝つための基本でもあるのだ。

太平洋戦争における日本軍の失敗の理由のひとつによく挙げられることだが二正面作戦により、戦力を分散せざるを得なかったことは、日本の立場を悪化させることになった。日本は中国大陸で繰り広げられる日中戦争から手を引くことができず、同時に南方にも戦力を回す必要があった。

第二次世界大戦においてドイツも二正面作戦を展開していた。ヒットラーはイギリスと戦火を開いていた。ヒットラーはソ連と戦争するつもりがない証として、独ソ不可侵条約を一九三九年に締結した。ヒットラーとスターリンは天敵とも言われたので、その締結が世界に与えた衝撃は大きかった。しかし、わずか二年後、ドイツ軍の戦車はソ連国境を越えた。

日独ともに二正面作戦で苦しい局面を打開しようとしたが、その結果は国家の破滅という悲劇に行きついてしまう。

05

少数で戦に勝ち、多数の敵にも負けない

寡なき者は人に備うればなり。衆き者は、人をして己に備えしむる者なればなり。故に戦いの地を知り戦いの日を知れば、則ち千里にして会戦すべし。戦いの地を知らず戦いの日を知らざれば、則ち左は右を救うこと能わず、右は左を救うこと能わず、前は後を救うこと能わず、後は前を救うこと能わず。而るを況んや遠き者数十里、近き者数里なるをや。吾れを以てこれを度るに、越人の兵は多しと雖も、亦た奚ぞ勝に益せんや。故に曰わく、勝は擅ままにすべきなりと。敵は衆しと雖も、闘い無からしむべし。

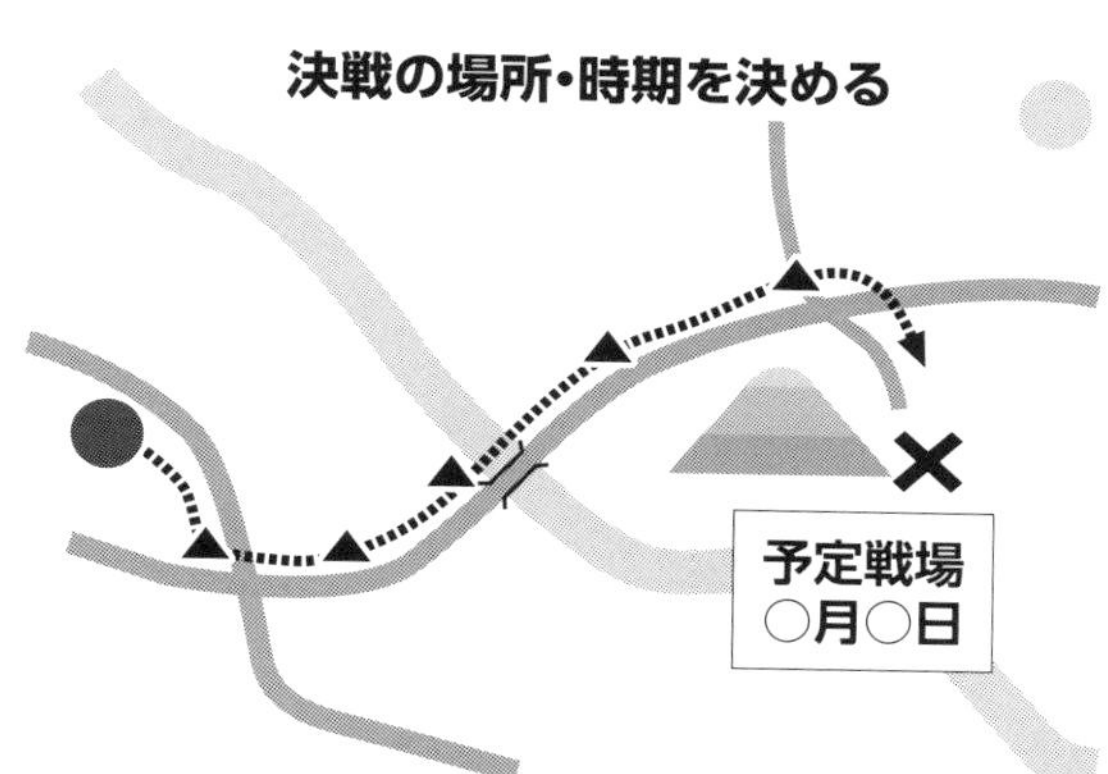

【大意】

少数の軍になってしまうのは敵への備えをする立場だからである。多数の軍になるのは敵をかく乱し、備えさせる立場だからである。戦う地形を知り、戦う時期を知れば、千里離れた遠い場所に行軍しても主導権を失わずに戦うことができる。戦う地形を知らず、戦う日時を知らなければ、左軍は右軍を助けられず、右軍も左軍を助けられず、前軍は後軍を助けられず、後軍も前軍を助けられない。同じ軍にあってもこのように混乱するのだから、十数里離れた遠いところ、わずか数里の近いところにいる友軍に助けを求めても無駄である。私が考えるところだが、剛健と言われる越の国の兵士がいかに多くいても、こういう混乱の中ではとても勝利できないだろう。だから、虚実に備えれば、勝利を思うままにできるのである。それは、敵が大勢の軍でも、虚実の働きで軍をバラバラにして、戦えないようにするのだ。

無謀な戦いほど危険なものはなく、無謀な指導者ほど罪深いものはない。勝ち目のない戦いに兵を導き、その命を失わせるのであるから。

【解説】

一九三九年、ノモンハン事件は無謀な指導者が引き起こした無謀な戦いだった。これは日本の傀儡国家である満州国とモンゴル人民共和国の国境線を巡る紛争である。「事件」とあるが、その規模からすれば戦争と呼んでもおかしくない。日本軍は六万、モンゴル・ソ連軍は七万もの兵を投入し、両軍併せて一万五〇〇〇人もの兵が命を落とした。

満州国とモンゴルの国境線はお互いの主張が異なり、火種として両国の間でくすぶっていた。そこへ関東軍の作戦参謀・辻政信が通達を出したのである。

「もし紛争が起こったら兵力に関わらず武力行使をして勝て」というものである。これは辻の暴走で、軍の中央はモンゴルやソ連との無用な争いは許していなかったのである。当時は日中戦争が激化しており、モンゴル国境に兵を回す余裕はなかった。辻の通達は兵を死地にやる無謀なものだとして思えない。

コラム +1

日本に『孫子』を伝えた吉備真備

日本の歴史的資料に『孫子』がその名を刻むのは『続日本紀』である。七六〇年、当時の都・奈良は藤原仲麻呂が権勢を誇り、彼とは敵対する立場にいた吉備真備は太宰府に左遷されていた。派遣は見送られたが、新羅討伐が検討され、『孫子』の兵法を学ぶために、下級士官が真備のもとへ派遣された。その際、『孫子』から地形の利用法や軍営の設営などを学んだとされる。これよりも以前の資料で『孫子』を確認できないため、真備が唐から持ち込んだと考えられている。真備は若いころに遣唐使として海を越え、当地の漢籍を学んでいたのである。四一歳のときに帰国するが、その中に『孫子』が入っていてもおかしくない。真備は、仲麻呂討伐の際、『孫子』を活用し、迅速かつ正確に軍を派遣し、仲麻呂を討ち取った。

真備は『孫子』のみなら他の兵法書も研究していたようだ。『孫子』と並び称される『呉子』もその一つに数えられる。

『呉子』は春秋戦国時代に著された兵法書だが、著者は確定していないが呉起と考えられている。『孫子』よりも具体的で部隊の編制方法や、武器の運用法などが詳しく書かれている。

06

眼前の敵から実情を探り勝利する

故にこれを策りて得失の計を知り、これを作して動静の理を知り、これを形して死生の地を知り、これに角れて有余不足の処を知る。

【大意】

戦いの前に敵の実情を知るためには、敵の状況を分析し、利害得失を計算し、敵を挑発して兵を動かし、その行動様式を把握し、考えられる敵の動向をしっかり予測して戦えば敗れるべき地形と敗れない地形とを知り尽し、敵と小さく争ってみて敵の余裕のある所や手薄の所を知るのである。

勝利は積極的に創り出すもの

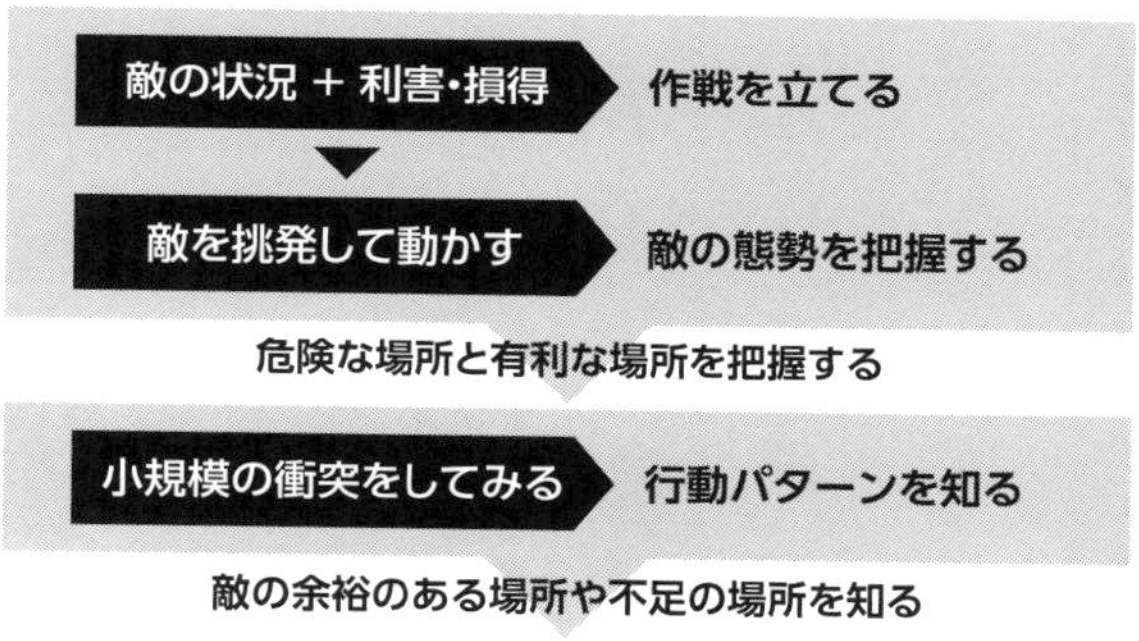

敵の状況 ＋ 利害・損得 → 作戦を立てる
▼
敵を挑発して動かす → 敵の態勢を把握する

危険な場所と有利な場所を把握する

小規模の衝突をしてみる → 行動パターンを知る

敵の余裕のある場所や不足の場所を知る

**自ら動くことによって、敵を動かすことによって
敵の強みと弱みを知れば敵が多くても勝てる**

解説

古来より敵の情報を得るためにさまざまな方法が取られた。アメリカの偵察機U―2は二万メートル以上の高度を飛行できた。ソ連領空を高性能カメラを搭載して飛行し、軍事施設や港湾の様子などを撮影していた。一九六〇年、ソ連領空を飛行していたU―2は地対空ミサイルで迎撃され、墜落した。パイロットのゲーリー・パワーズは捕虜となり、懲役十年の刑となるが、両国のスパイ交換により帰国となった。

ソ連での撃墜に先立つ一九五九年、U―2が藤沢市の飛行場に不時着して騒然となった。警察の現場検証は米軍により止められ、新聞が報じることもなかった。「黒いジェット機事件」である。

07

状況に応じた戦い方で勝利を確実にする

故に兵を形(あらわ)すの極は、無形に至る。無形なれば、則ち深間(しんかん)も窺(うかが)うこと能わず、智者も謀(はか)ること能わず。形に因(よ)りて勝を衆に錯(お)くも、衆は知ること能わず。人皆な我が勝の形を知るも、吾が勝を制する所以(ゆえん)の形を知ること莫(な)し。故に其の戦い勝つや復(くつがえ)さずして、形に無窮に応ず。

【大意】

軍の形、つまり態勢の極致は無形である。陣形が無形であるなら潜入した敵の間諜でも実情を探り出すことができない。智謀に長けた者でも対策を講じることがで

状況に応じて絶えず変化する

きない。陣形がわかると、それに応じて対策し勝利を手にできるが、兵にはその勝つ理由はわからない。勝利の事実を知ってはいるが、どのように勝利したのかはわからない。つまり、このような戦法は繰り返すことができず、情況に応じて変わるものだ。

【解説】 米西戦争で、アメリカはスペインの軍艦を港内に閉塞する作戦をとった。港の入口に船を沈めて閉じ込めたのだ。

これを観ていた日本海軍参謀の秋山真之は日露戦争においてこの作戦を使い、旅順港閉塞作戦をとった。しかし、英雄広瀬武夫を失う。形だけを真似ても勝利は難しい。臨機応変に形を変え、戦える軍隊こそが本物の強さを持っているのだ。

08

水の流れのように敵情に応じて勝利を導く

夫れ兵の形は水に象る。水の行は高きを避けて下きに趨く。兵の形は実を避けて虚を撃つ。水は地に因りて行を制し、兵は敵に因りて勝を制す。故に兵に常勢なく、常形なし。能く敵に因りて変化して勝を取る者、これを神と謂う。故に五行に常勝なく、四時に常位なく、日に短長あり、月に死生あり。

軍の形（作戦）は水の流れ

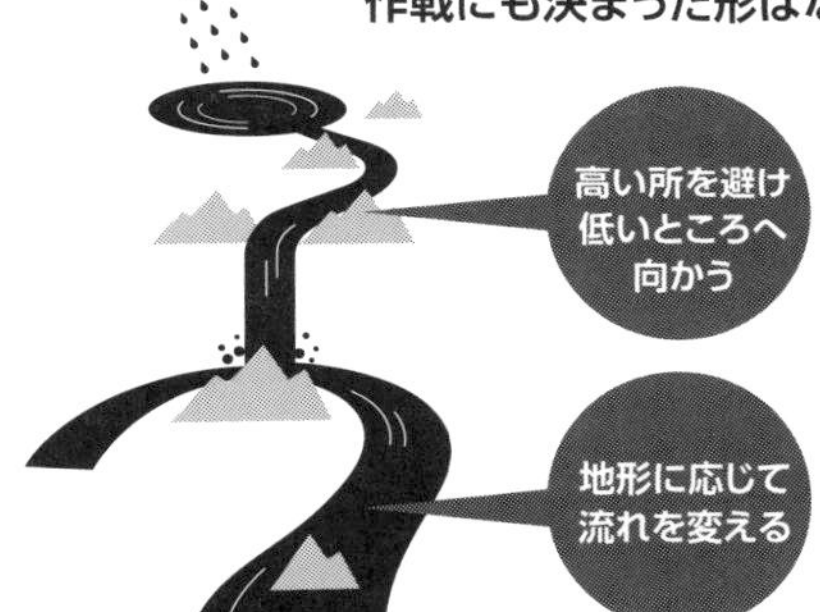

【大意】

軍の形とは水の形のようなものが理想である。水の流れは高いところから低いところへ向かうが、このように軍の形も敵が備えている実（充実しているところ、強いところ）を避けて虚（スキのあるところ、弱いところ）を攻撃する。水は地形に沿って流れを変えるが、軍の形も敵の状況に合わせて戦い方を変えて勝利する。このように、水の流れに一定の形がないように、軍の形も決まっていないのである。敵の状況に合わせて戦い方を変化させて勝利を手に入れるのが、人智の及ばない神秘というものだ。木、火、土、金、水の五行で一つだけでいつまでも勝つというものではなく、春、夏、秋、冬の四季も一つだけに留まっているものでもなく、日の出ている時間も長くなったり短くなったりし、月も満ちたり欠けたりするのである。

水が地形に合わせて流れるように、軍の作戦は敵情に応じて常に有利に変化させて勝利を得なければならない。

【解説】

マケドニアのフィリッポス2世（アレキサンドロス大王の父）は、若いころに人質としてテーベに送られていた。そこで重装歩兵の陣形であるファランクスを学んだ。ファランクスとは、一〇〇人前後の兵が長槍を持ち、密集して進軍する。白兵戦では大きな力を発揮していた。フィリッポスは王位に就いてから、そのファランクスを改良した。従来よりも長い槍（六メートル以上）を採用し、さらに騎兵も組み合わせた。

フィリッポス2世が改良したマケドニア式ファランクス戦法は、当時のギリシア世界では無敵であった。前三三八年のカイロネイアの戦いでは、横に広がる軍の中央に配置した。ここで敵を引き付けて、敵の陣形を崩したところをアレキサンドロスが率いる騎兵が突入し、マケドニアの勝利を確実なものにした。

従来の戦法を情勢に合わせて改良し、洗練したためにギリシヤ世界で覇を唱えた。それを受け継いだアレクサンドロス大王は、アケメネス朝ペルシアを征服、そのあとの東方遠征にまで可能にしたのである。

コラム +1

『孫子』を使いこなし頭角を現した楠木正成

戦争において日本には作法があった。まず、両陣から武士が出て出自などを名乗り挙げる。そしてお互いに切りかかるのである。「個人戦」が主体であったのを大きく変えた一人が南北朝の武将・楠木正成である。

幼名を多聞丸と言い、伝承によると幼いころから学問が好きで、大江時親に『孫子』を学んだとされる。大江家は鎌倉幕府の政所初代別当を務めた家柄で、漢籍に通じていた。楠木氏は橘氏の末裔と伝わるが、定かではない。バックボーンなどなく、声を大にして言うほどの家名ではなかったのだろう。正成は奇襲を中心して敵の勢力を削いでいった。奇襲だけではなく、兵を指揮しては素早く敵を攻めて降伏させた。築城や籠城にも長けており、日本史上有数の戦術家であることは間違いない。その一部は「楠木流軍学」として伝わっている。

情報を操るのも上手かった。正成は何度か自分が戦死した情報を流し、敵の戦力をかく乱した。

第7章　軍争篇

主導権を常に握る

戦いは敵より有利な状態を保つことが重要で、常に主導権を握っておく必要があり、そのためには迅速な行動が必要となる

the
ART
of
WAR
by Sun Tzu

01

軍の将が必ず知っておくべき用兵の要

孫子曰わく、凡そ用兵の法は、将、命を君より受け、軍を合し衆を聚め、和を交えて舎まるに、軍争より難きは莫し。軍争の難きは、迂を以て直と為し、患を以て利と為す。故に其の途を迂にしてこれを誘うに利を以てし、人に後れて発し、人に先んじて至る、此れ迂直の計を知る者なり。軍争は利たり、軍争は危たり。軍を挙げて利を争えば則ち及ばず。軍を委てて利を争えば則ち輜重捐てらる。軍に輜重なければ則ち亡び、糧食なければ則ち亡び、委積なければ則ち亡ぶ。

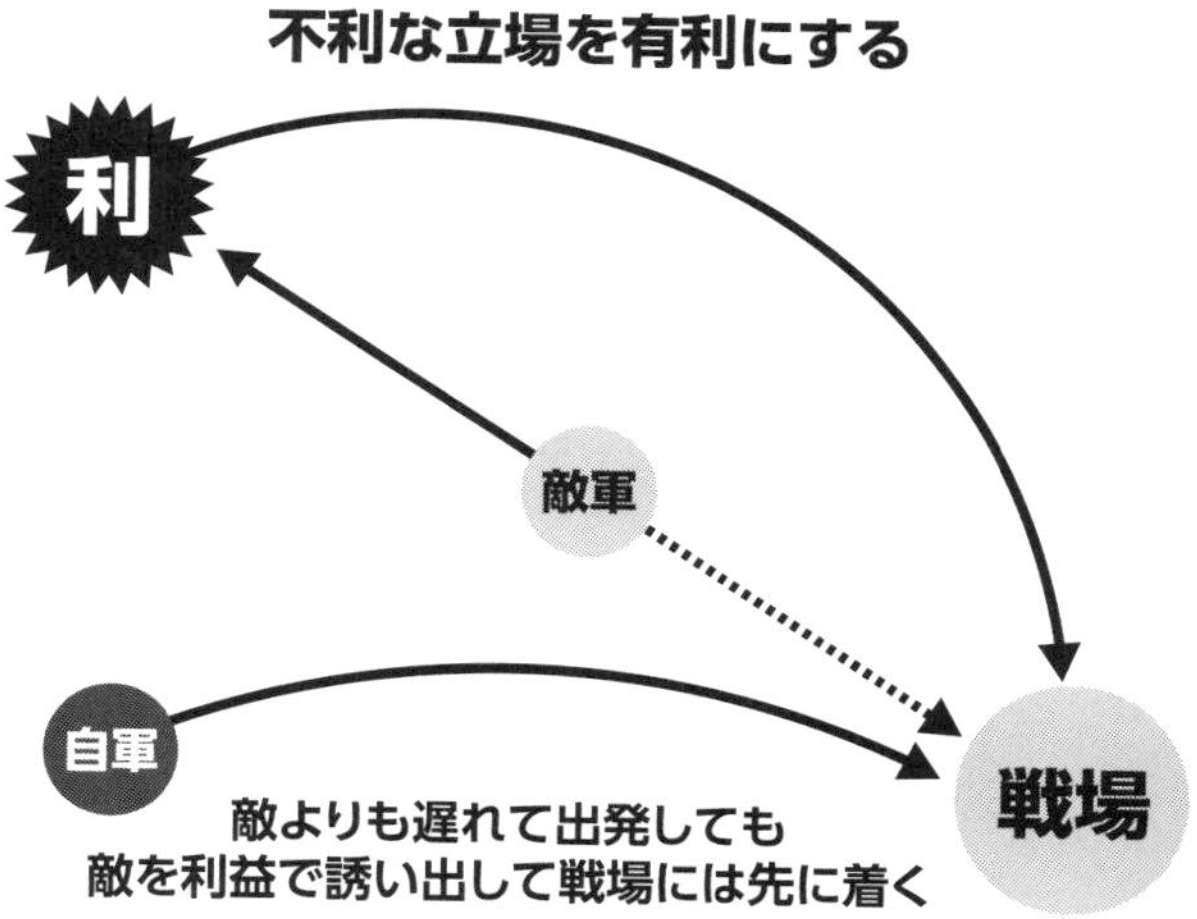

【大意】

孫子は言う。戦争の法則の中で、将軍が主君から命令を受けて、軍を編成して兵を集め敵と対峙し、戦い終えるまでで、つまり機先を制する争いほど難しいものはない。なぜ難しいかと言えば、遠回りの道でも真っすぐの近道にし、害のあることを利益に変えることである。遠回りの道をゆっくり進んでいるように見せかけて、敵を誘い出して進軍を邪魔し、敵よりも後から出発して敵よりも先に着く。これが遠近の計、遠回り道を近道に変える計略である。軍争は利を手にするものだが、軍争はまた危険でもある。全軍を挙げて有利な地を支配しようとして進軍しても、全軍では素早く行動できないため、敵よりも遅れる。全軍ではなく一部の部隊だけで先を急げば、物資を運ぶ輜重隊はついてこれないだろう。軍隊に輜重が備わっていなければば敗北し、兵糧なければ敗北し、財貨がなければ敗北するものだ。

【解説】 敵が先に攻撃を仕掛けてきて、こちらに準備ができていなければ、不利な立場に立たされることになる。しかも、それをそのままにしていては勝利することはとても難しくなる。

日本史において機先を制した戦いとして思い出されるのは、一ノ谷の合戦か桶狭間の戦いだろう。ここでは一ノ谷での戦いぶりを紹介しよう。

平清盛亡き後、かつての権勢を失った平氏一門は、安徳天皇と三種の神器を伴って太宰府に移る。源氏はその勢いのまま平氏を追撃すればよかったが、義仲と頼朝の権力争いで戦力をまとめきれずにいた。平氏はその機に乗じて、勢力を回復しつつあった。

義仲を破った頼朝は、平氏を撃つべく兵を西へ進めた。頼朝軍は兵士とほぼ正面から対峙したが、義経の別動隊が平氏の張る陣の奥にあたる一ノ谷を急襲したのである。

「平家物語」の伝えるところでは、一ノ谷の陣は崖を背にして張られており、その崖の上に出た義経は二頭の馬を崖から落とし、一頭が無事だったのを確認して、崖を騎馬で駆け下りたという。機先を制された平氏勢は軍を立て直せず屋島に逃れた。

コラム +1

源義経は『孫子』を知らなかったのか？

『続日本紀』などから吉備真備が『孫子』を日本に伝えたと考えられているが、すぐに多くの人が学んだかどうかは不明である。大江匡房と源義家のエピソードはよく知られているが、『孫子』を知っていたのは限られた文人だけだったと考えられる。

平安末期の武将・源義経は、その悲劇的な最後から多くの人に愛されているが、おそらく『孫子』は読んでいなかったといわれている。

平氏追討で活躍した義経であるが、その戦いぶりは当時の戦の作法からはだいぶ逸脱したものだった。一ノ谷の合戦では夜襲、屋島の合戦では奇襲、そして壇ノ浦の戦いでは船の舵取りを弓で狙うなど、なりふり構わず勝ちを狙う義経は頭を悩ませていたはずだ。

義経を愚将と呼ぶ研究者もいるが、的外れと言わざるをえない。もし、孫子が義経の戦いぶりを目にしたら、「書いてある通りに実行している」と手を叩いて喜んでいただろう。

戦略家としては抜群の才能を発揮した義経だが、自分の行動がどのような影響を引き起こすかは読めなかった。兄頼朝の怒りを買い、奥州平泉でその生涯を閉じた。

02

機先を制することは重要だが困難だ

是の故に、甲を巻きて趨り、日夜処らず、道を倍して兼行し、百里にして利を争うときば、則ち三将軍を擒にせらる。勁き者は先きだち、疲るる者は後れ、その法十にして一至る。五十里にして利を争うときは、則ち上将軍を蹶し、その法半ば至る。三十里にして利を争うときは、則ち三分の二至る。是れを以て軍争の難きを知る。

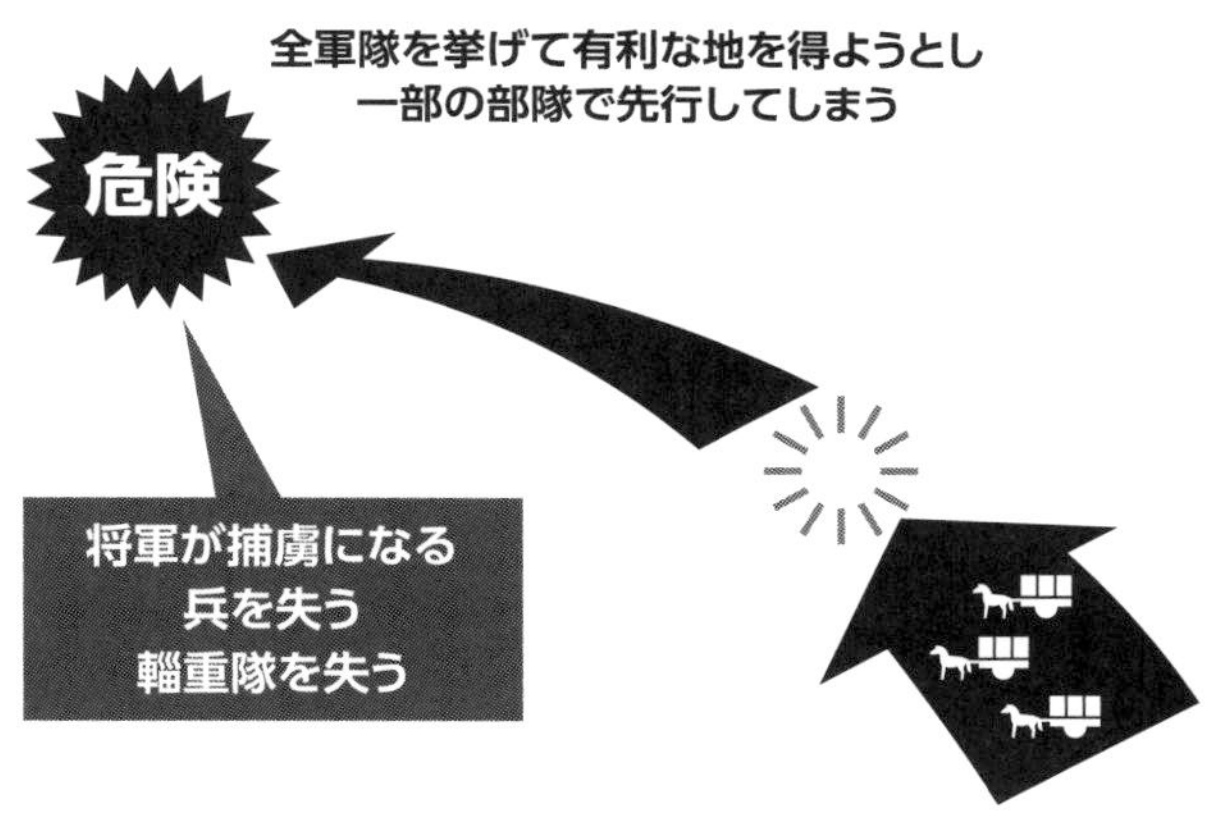

大意

甲(かぶと)を脱いで走り、昼夜休まずに道程を倍にして強行軍し、百里先で有利な地を得ようと敵と争うときは上軍・中軍・下軍の三軍の将軍とともに捕虜とされる。強い兵は先に進み疲れた兵は遅れ、十人に一人だけ行き着くだけだ。五十里先の有利な地を争うときは先鋒の上将軍がひどいめに遭い、半分が行き着くだけだ。三十里先で有利な土地を争うときは、三分の二が行き着くだけだ。このように軍争困難なのである。

解説

太平洋戦争において日本軍が敗れたのは、機先を制する争い、孫子のいう「軍争」にとらわれすぎ、輜重や食糧の重要性を忘れてしまったことにも大きな原因がある。輜重の重要性を指摘した孫子の教えは、今も生きている。

03

未知の地で行動するには詳しい者が必要

故に諸侯の謀（はかりごと）を知らざる者は、預（あらかじ）め交（まじ）わること能（あた）わず。山林、険阻（けんそ）、沮沢（そたく）の形を知らざる者は、軍を行（や）ること能わず。郷導（きょうどう）を用いざる者は、地の利を得ること能わず。

【大意】

外国の諸侯たちの真意を知らなければ、彼らと同盟を結ぶこともできない。敵の領内にある山林や険しい地形、沼沢地などを詳しい地形を知らなければ、軍隊を進めることができず。その土地に詳しい案内を使わないのでは、地の利を生かすことができない。

力だけでは勝てない

【解説】

日露戦争で新興国の日本が大国ロシアに勝ったことは、日本の国威を発揚させただけでなく、国際的にもそのプレゼンスが認められた。いわば日本が列強の仲間入りを果たしたのである。それをサポートしたのがイギリス、つまり日英同盟（一九〇二年）だった。

当時、日本は大陸での利権においてロシアとの関係改善を望んでいたが、うまく進まず、ロシアへの牽制としてイギリスを選んだのである。当時、ロシアはフランスの関係は深く、日本とロシアの間で戦争が起こったら、フランスは介入することがわかっていた。日英同盟はロシアを封じるための同盟だが、もし日本がロシアと戦争し、フランスが介入すればイギリスが参戦する決まりになっていた。このようなサポートもあり、日本は日露戦争に勝利したのだ。

04

状況に応じた行動を常にとれば常に勝つ

故に兵は詐を以て立ち、利を以て動き、分合を以て変と為す者なり。故に其の疾きことは風の如く、其の徐なることは林の如く、侵掠すること火の如く、知り難きことは陰の如く、動かざること山の如く、動くことは雷の震うが如くして、郷を掠むるには衆を分かち、地を廓むるには利を分かち、権を懸けて而して動く、迂直の計を先知する者は勝つ。此れが軍争の法なり。

風林火山

進撃は風のように速く

待機するときは林のように静か

敵地への侵攻は
火の燃えるように烈しく

守備するときは
山のように動かない

隠れるときは
暗闇のようでわからない

動き出せば
雷鳴のように突然動く

【大意】

戦争とは敵を欺くことを中心とし、利益を求めて行動し、軍は分散や集合をして、形を様々に変化をさせるのである。だから風の如く迅速に速く、林の如く静かに待機し、火が燃える如く収奪し、暗闇の如くわかりにくくし、山の如くどっしりと動かず、雷鳴の如く激しく動くのだ。村を襲い食料を集めるときは兵士を手分けし、勢力を拡大するため土地を支配するときは土地の要所を分散し、あらゆることをよく計算し、考え尽した上で行動する。敵に先んじて遠近の計略、つまり遠い道を近道に転ずる戦略を知るものが勝利するのである。

【解説】

武田信玄の有名な軍旗（風林火山）は、『孫子』から引用されたものだ。

「疾きこと風のごとく、徐かなること林のごとく、侵掠すること火のごとく、動かざること山のごとし」は多く人が聞いたことがあるだろう。武田軍と言えば、その騎馬隊が知られるが、それは武田軍の強さの一部に過ぎないと言えば言い過ぎだろうか。武田軍の強さの理由は四つ考えられる。

まず、勝つ見込みのない戦いを徹底的に避けたことだ。歴史家によると信玄の戦歴を数えてみると生涯で七九回戦い、四九勝三敗二〇分となる。勝ち戦も多いが、その引き分けの多さは判断の速さを示している。

「風林火山」と例えられる武田の騎馬隊の強さは、ライバルの戦国大名にとっては恐怖だった。信玄に三方ヶ原で敗れた家康の家臣井伊直政はその強さにあやかって、武田の赤備えを取り入れたほどだ。

また、武力だけでなく信玄は間諜もよく使った。信玄の目となり、耳となった彼らは「三つ者」と呼ばれ、全国に広域な情報網を張り巡らせていた。彼らの集めた情報を信玄は精査し、素早い判断の材料とした。

最後に、優秀な家臣団が挙げられる。山本勘助、そして真田昌幸など後世に名を遺す軍師が信玄を支えたのである。

コラム +1

春秋戦国時代を彩る諸子百家

孫子が活躍した前六世紀、封建制度によって国家を維持していた周がその勢力を失った。大陸各地で諸侯が対立し、戦争をしては滅び、新しい勢力が起こる時代である。この時代の前半を春秋時代、後期を戦国時代と呼んでいる。群雄が割拠する中、自分たちが他の諸侯たちを押さえ頂点に立とうとしていた。彼らは生き残るために必死だった。国の政策の基盤をなす思想家を宰相や軍師のポジションで採用したのだ。この時代に登場した思想家たちを総称して「諸子百家」と呼ぶ。主だった諸子百家を紹介すると次のようになる。

・儒家（大きな影響を後世にまで残した学派で孔子がはじめた。周の時代の礼と仁を重要視）
・道家（儒家とともに後世に影響を残した。祖の老子は道に従い生きることを説いた）
・墨家（墨子は侵略を否定し、非戦を説いた。小国を守るために命を犠牲にしたという）
・法家（韓非子で知られる。信賞必罰で国を統治する法治主義を唱えた）

儒家と道家は激しく対立した。もともと、いち早く国家の基本思想となった儒家と民間で広まっていた道家とは、相容れなかったのである。

05

兵の意思を統一する方法とその効果

軍政に曰わく、「言うとも相い聞こえず、故に金鼓を為る。視すとも相い見えず、ゆえに旌旗を為る」と。是の故に昼戦に旌旗多く、夜戦に金鼓多し。金鼓、旌旗なる者は人の耳目を一にする所以なり。人既に専一なれば、則ち勇者は独り進むを得ず、怯者は独り退くを得ず。此れ衆を用うるの法なり。

【大意】

古くからの兵法書には「口で伝えても聞こえないから銅鑼や太鼓を使う。指で示しても見えないから旗や幟を用意する」とある。だからこそ、昼には旗や幟を多く

大部隊を動かす方法

使い、夜はドラや鐘を多く使うのである。銅鑼や太鼓や旗や幟は、兵士の耳目を統一するためのものである。兵が集中し統一されていれば、敵軍の勇敢な者も勝手に進めず、臆病な者も勝手に退くことはできない。これが大部隊を動かす方法である。

解説　実は幕末、江戸幕府も陸軍を組織していた。西洋の軍備を取り入れた。中でも有名なのが大鳥圭介が率いる伝習隊だ。指導はフランス陸軍が中心になって行われたため、号令はフランス語だったという。幕府陸軍は主に旗本や御家人の子弟が中心だったが、伝習隊は博徒や火消しなど、庶民が中心だった。武士階級は「鉄砲担ぎ」を担わされるのを嫌がったという。伝習隊は、離散結集を繰り返すも、精鋭として函館戦争まで存在した。

06

常に敵よりも優位な状況で戦いを挑む

故に三軍には気を奪うべく、将軍には心を奪うべし。是(こ)の故に朝の気は鋭(えい)、昼の気は惰、暮れの気は帰。故に善く兵を用うる者は、その鋭気を避けて、其の惰帰を撃つ。此れ気を治むる者なり。治を以て乱を待ち、静を以て譁(か)を待つ。此れ心を治むる者なり。近きを以て遠きを待ち、佚(いつ)を以て労を待ち、飽(ほう)を以て飢(き)を待つ、此れ力を治むる者なり。正々の旗を邀(むか)うること無く、堂々の陳(じん)を撃つこと勿(な)し。此れ変を治むる者なり。

気力・心・力・変化を治める

戦場での気力を治める

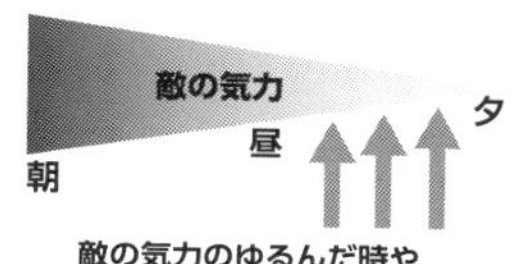

敵の気力のゆるんだ時やしぼんだ時を狙って攻撃する

戦場での心を治める

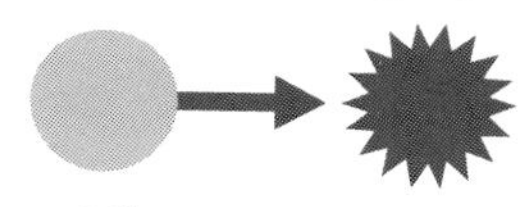

心が静まっている
心が乱れているざわついている

戦場での力を治める

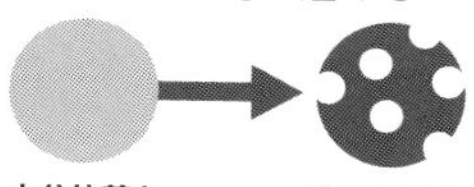

・十分休養を取っている
・食糧を十分とっている

・疲れている
・飢えている

戦場での変化を治める

強敵を攻撃してはいけない

【大意】

敵の兵の気力を奪い、敵の将軍の心を乱すことができる。朝は気力が鋭く、昼は気力が緩み、夕暮れは気力が尽きてしまうものだ。戦の巧みな人は敵の気力が充実した時間を避けて、気力が緩み、もしくは尽きてしまったところを攻めるのである。それによって敵軍の気力を奪い、敵に撃ち勝つということである。また、自軍が整然となっている状態で混乱している敵に当たり、自軍が心を静めた状態で心がざわついている敵に当たる。それが敵兵の心を乱し、敵に撃ち勝つというものである。また、戦場の近くに陣を敷き遠来からの敵を待ち受け、自軍は十分に休養を取った状態で疲れた敵に当たり、自軍は食糧を十分とった状態で飢えた敵に当たる。これを戦力について敵に撃ち勝つというものだ。また整然と旗が並ぶ軍には戦いを仕掛けず、堂々重厚な布陣の敵には攻撃を仕掛けてはならない。それが敵の異変を待って敵の異変を突いて撃ち勝つということである。

【解説】 戦場において、勝敗は兵力のみですべてが決まる訳ではない。気力や体力の衰えたところを撃つようにし、それでも強大な敵に対しては戦いを避け、作戦を敵の状態に合わせて変化させなくてはいけない。

日露戦争時、バルチック艦隊は三万三〇〇〇キロを超える距離を半年以上かけて移動し、水兵たちは疲弊し、迫りくる日本海軍との戦いに動揺があった。

連合艦隊は東郷平八郎の指揮のもと、幾通りものシュミレーションを繰り返し、たとえ東郷が戦死しても速やかに指揮権を移動させる用意までしていた。小国だった日本はあらゆる準備をした上で戦いを挑み、大きな勝利を収めたのである。

イギリスの協力も大きかった。ヨーロッパに展開するバルチック艦隊は日本に向けて回航したが、イギリスの植民地の港を使うことができなかった。さらにスエズ運河もイギリス影響下にあったため一部しか利用できなかった。そのため、艦隊の大部分はアフリカ南端の喜望峰を回らなければならなかったのだ。

コラム +1

『孫子』に感銘を受けたドイツ皇帝ヴィルヘルム二世

ドイツ皇帝ヴィルヘルム二世は激動の時代に生きた。

わずか二九歳でドイツ皇帝に即位、時は帝国主義の時代である。就任当初は鉄血宰相ことビスマルクと歩を合わせていた。しかし、他の列強との勢力均衡を図るビスマルクを解任して親政を開始した。それはドイツ帝国が、世界に覇権を目指す宣言となった。

当時世界一の海軍力を誇るイギリスと戦艦の保有数で対抗するべく、積極的に建造していった。それだけでなく、ベルリン↓イスタンブル（ビザンティウム）↓バグダードを結ぶ3B政策が展開された。しかし、一九一四年、ヴィルヘルム二世は第一次世界大戦への突入を決める。一八年のアメリカ参戦で軍の戦意が低くなり、第一次世界大戦は敗北。同じ頃、ドイツ革命が起こり、ヴィルヘルム二世は退位、亡命となった。

亡命先のロンドンで初めて「孫子」を手にし、次のような悔恨の言葉を残している。

「もし二〇年前にこの書を得ていたならば、あのような惨敗はまぬがれていただろう」と。

もし彼が『孫子』を読み、独自の政策を進めていたら世界史は変わったかもしれない。

第8章　九変篇

優位を保つ九つの術

戦場で敵に主導権を与えないためには、自軍の意図を敵に読ませないことが重要になり、行動の利害を把握する必要がある

the
ART
of
WAR
by Sun Tzu

01

戦場で忘れてはならない九つの対応法

孫子曰（い）わく、凡そ用兵の法は、高陵に向かうこと勿（な）かれ、背丘（はいきゅう）には逆（むか）うること勿れ、絶地には留まること勿れ、佯北（しょうほく）には従うこと勿れ、鋭卒には攻むること勿れ、餌兵（じへい）には食らうこと勿れ、帰師には遏むること勿れ、囲師には必ず闕（か）き、窮寇（きゅうこう）には迫（せま）ること勿かれ。これ用法の法なり。

【大意】

孫子は言う。戦争の法則としては、高地に陣を敷く敵を攻撃してはいけない。丘（高地）を背後にして攻めてくる敵を迎え撃ってはいけない。地形の険しい場所に

軍隊を動かす原則(1)

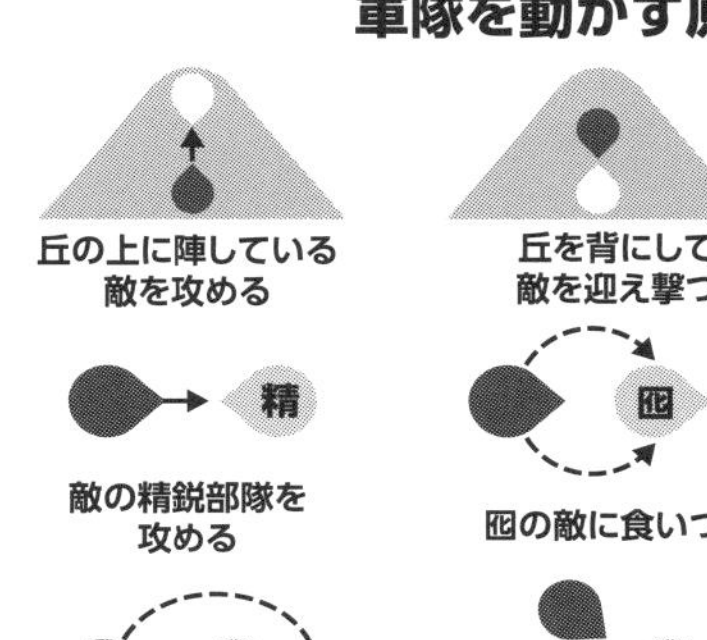

陣を敷く敵とは長く戦ってはいけない。敵の偽りの退却にだまされて追撃してはいけない。気勢の鋭い敵を攻撃してはいけない。こちらを騙す囮(おとり)の兵を攻撃してはいけない。母国に退却する敵の兵と長く戦ってはいけない。包囲した敵には必ず逃げる口を開けておき、進退の窮まった敵を追い詰めてはいけない。このように、定石とは異なる九通りの対応が、戦争の原則である。

【解説】

『孫子』は兵法書である。敵に温情をかけることを説く道徳の書ではない。自軍の兵を失うことなく勝利することを第一に考えられている。勝ち目の少ない戦いを避け、敵の弱点を突き、敵の罠にはまらないことで無傷で勝利するのである。

02

むやみに行動をすることが悲劇を引き起こす

塗(みち)に由(よ)らざるところあり、軍に撃たざる所あり、城に攻めざる所あり、地に争わざる所あり、君命に受けざる所あり。

【大意】

進軍にあたって軍はどこを通ってもよいと思いがちだが、通ってはいけない道もある。攻撃にあたってどの敵も攻撃してもよいと思いがちだが、攻撃してはいけない敵もいる。どの城も攻撃してもよいと思いがちだが、攻撃してはいけない城もある。どの土地も略奪してよいと思いがちだが、略奪してはいけない土地もある。主君からの命令はどれを受けてもよいと思いがちだが、受けてはいけない命令もあることは覚えておくべきだ。

軍隊を動かす原則（2）

戦場の様子によって戦い方が変わる

圮地

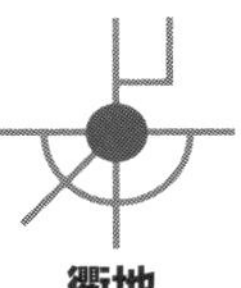
衢地

絶地

囲地

死地

現場の状況によっては、主君の命令でも受けてはいけないものもある。

【解説】

司馬遷の『史記』は次のようなエピソードを伝えている。

呉王闔廬（こうりょ）が、孫子に「実際の演習を見たい」と述べた。孫子は宮中の美女一八〇人を二つの隊に分け、そのうち王から最も寵愛されている二人をそれぞれの隊長に任命した。しかし、二人の隊長はじめ、美女たちは笑ってばかりで演習にならなかった。そこで孫子は二人の隊長を処刑することにした。王は「殺してはならない」と伝えたが、孫子は「私は命令を受けて将軍になった。将軍は軍中にあるかぎり主君の命令といえども断ることができます」と、二人の美女を処刑した。その後、宮中の美女の部隊は命令通りに整然と動いたという。

呉王は孫子は将軍とし、強国として発展していった。

03

状況毎に対応しないと優位性を生かせない

故に将、九変の利に通ずる者は、兵を用うるを知る。将、九変の利に通ぜざる者は、地形を知ると雖も、地の利を得ること能わず。兵を治めて九変の術を知らざる者ば、五利を知ると雖も、人の用を得ること能わず。

【大意】

九変（定石とは異なる九つの対応）の利点に精通した将軍は軍隊の動かし方をわきまえているものである。しかし、九変の利に精通していない将軍は、たとえ戦場の地形を知っていても、地形から得られる利点を活用することはできない。軍を率いながら九

状況や環境に合わせて変える

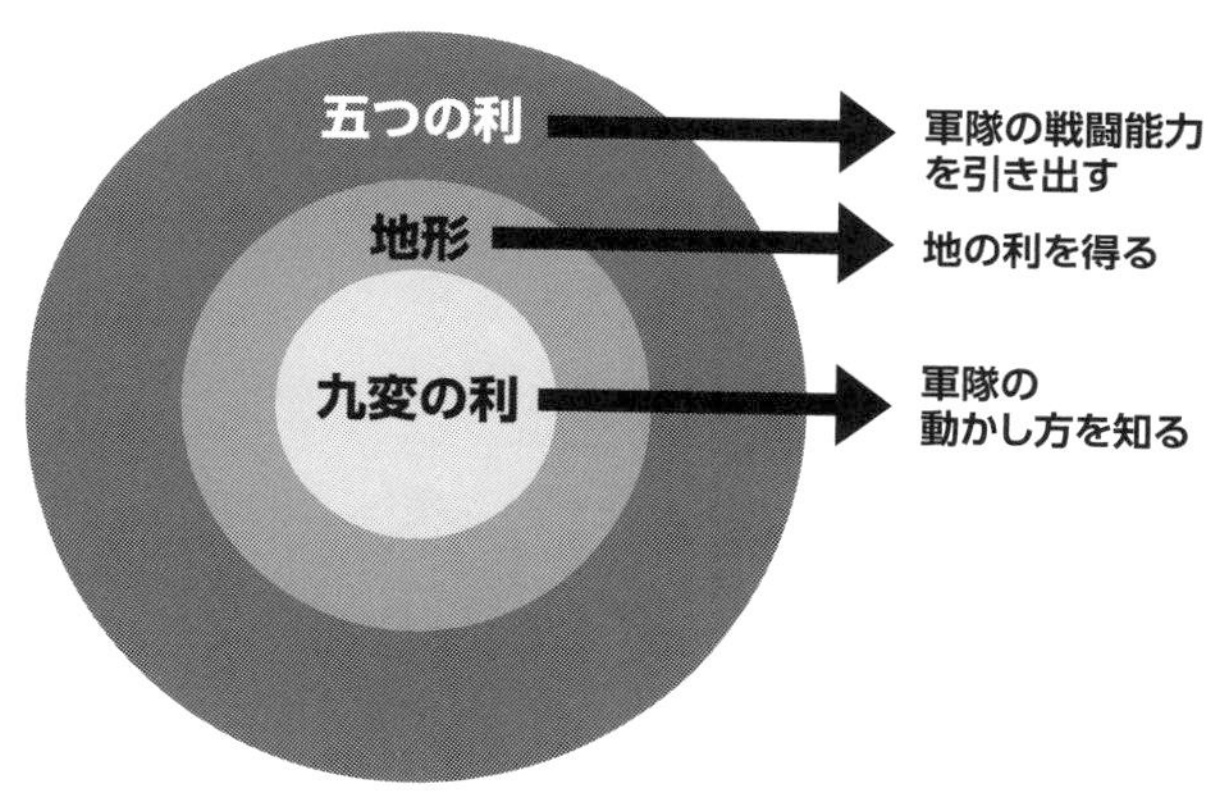

変の方法を知らなくては、前述した五つの対応の利益を知っていても、兵を存分に動かすことはできないのである。

【解説】

ここで言う「九変」の九とは、九を最大の数字として促え、「多数の」つまり「多彩な変化」の意味である。

孫子の兵法において、「知る」ことは基本である。状況を知らなければ、勝敗の予測や作戦の決定に根拠がなくなるからである。しかし、地形を知っていても、それだけでなく、状況に応じて作戦を変える方法を身につけていなくては、状況を知ること自体の意味がないと言えるのである。状況や環境に合わせた作戦を選択しなければいけないということである。

04

常に不測の事態を考慮するので成功できる

是(こ)の故に、智者の慮は、必ず利害に雑(まじ)う。利に雑りて、而(すなわ)ち務め信(まこと)なるべきなり。害に雑りて、而ち患(うれ)いは解くべきなり。

【大意】

智者の考えとは、一つのことを考えるのに、必ず利と害の両方を併せて考える。利益がある場合も、損害になる場合も併せて考えているので、成功を収めることができ、損害のある場合も、その利益も併せて考えるので、予想外の損失が少ない。そのため智恵のある者は九変の利益にも通じることができるのだ。

物事を両面から見る

必ず利と害の両方をあわせて考える

【解説】

戦いに「絶対」はない。どんな有利な状況にも不利な面もあるし、どんな不利な状況にも必ず有利な局面は見いだせる。

第二次ポエニ戦争でカルタゴは壊滅的な打撃を受けたが、ローマにとっては潜在的な脅威になる可能性は多分にあった。ローマの政治家大カトーは、元老院でカルタゴ産のイチジクを見せて、「これほど見事なイチジクを産する国が船で三日の距離にある」とその脅威を説いた。そしてこう続けた。「カルタゴは滅びるべきだ」と。新たな戦争による損失を考慮しても、ローマの未来に影を差すかもしれないカルタゴを滅ぼす必要があったのだ。こうして第三次ポエニ戦争は始まり、カルタゴは歴史上からその姿を消したのである。

05

諸侯を操るには利害を明確にして示す

是の故に、諸侯を屈する者は害を以てし、諸侯を役する者は業を以てし、諸侯を趨らす者は利を以てす。

【大意】

利害の一面だけにとらわれるのはよくないが、外国の諸侯を屈服させるには、その戦に大きな損害があることを強調する。諸侯を働かすためには彼らがどうしても取り掛かりたくなる事業を持ち掛け、諸侯を奔走させるには彼らにとって利益になることばかりを示す。

相手の行動を変える

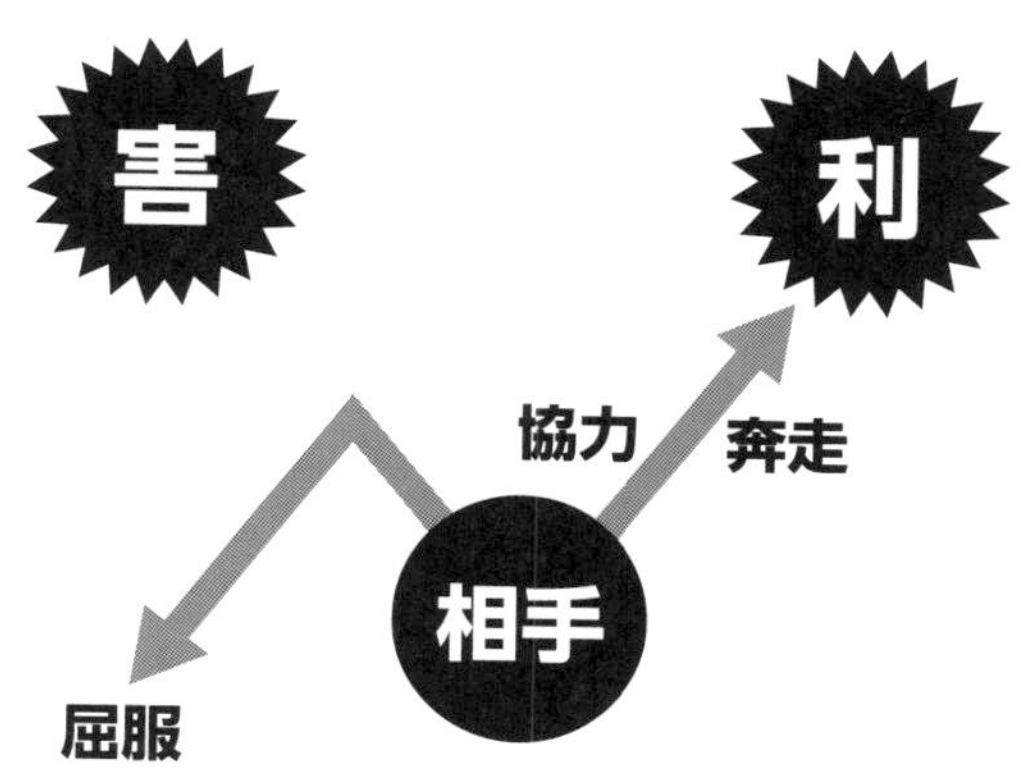

【解説】

物事の一面ばかりを見る者は真の智恵者にはなれない。しかし、人は欲も深く、物事の一面、目先の利益しか見えないことも多いのである。この人間の欲をうまく利用し、相手をこちらの意に添って動かすことも必要となる。

戦国の覇王・織田信長といえども判断を誤ることがある。敵の罠にはまったのが一五七〇年の姉川の戦いである。

上洛要請に従わない朝倉義景を撃つべく越前に兵を進めた信長は同盟を結んでいる浅井長政の裏切りを想定してはいなかった。しかし、浅井と朝倉はもともと友好関係にあった隣国であった。信長は、両国に根付いていた関係を見抜くことができずにいたため、浅井からの奇襲を受け、窮地に陥ったのである。

06

あらゆる襲撃への万全の備えが最上の防御

故に用兵の法は、其の来たらざるを恃むこと無く、吾れの以て待つ有ることを恃むなり。其の攻めざるを恃むこと無く、吾れが攻むべからざる所有るを恃むなり。

【大意】

戦争の基本は、敵が来ないのをあてにするのではなく、いつ敵が来てもよい備えを頼みとするべきだ。敵が攻撃してこないのをあてにするのではなく、敵が攻撃できないような態勢を頼みとするのである。

主体的に動く

✕ 敵がやってきませんように……

◎ やってみても大丈夫なように備える

✕ 敵が攻撃してきませんように……

◎ 攻撃できないような態勢をつくる

解説

どんなに策士であろうと結論がでないこともある。そのときは自分で決められないなら別の何かに頼むという決断もあるだろう。何を神頼みにするのかが策士の妙である。

諸説あるが、真田昌幸と信幸・幸村親子の犬伏の別れは、真田家が天下分け目の決戦のあとも生き残るための策だった。本来なら主筋の徳川方として行動するべきだが、豊臣と徳川の争いのあとも真田家が生き残るために、くじ引きで昌幸と幸村が豊臣方、信幸が徳川方についたと言われる。戦の後、徳川方の信幸は二人の助命に奔走したのは言うまでもない。

神頼みは愚策だが、どちらが負けても真田家は生き残る策をとった昌幸の策はまさに神謀と言えるだろう。

07

軍を壊滅させる将軍による五つの失敗

故に将に五危あり。必死は殺され、必生は虜（とりこ）にされ、忿速（ふんそく）は侮（あなど）られ、廉潔（れんけつ）は辱（はずか）しめられ、愛民は煩（わずら）わさる。凡そ此の五者は、将の過（あやま）ちなり、用兵の災（わざわい）なり。軍を覆（くつがえ）し将を殺すは、必ず五危を以てす。察せざるべからざるなり。

【大意】

将軍が注意しなくてはいけない五つの危険がある。必死に戦うことしか知らない者は殺され、生きるばかり考え勇気のない者は捕虜となり、短気で怒りっぽい者は

将軍の5つの危険（五危）

①	必死に戦うことしか知らない	殺される
②	生きることしか考えない	捕虜になる
③	短期で怒りっぽい	挑発され計略にかけられる
④	廉潔すぎる	恥ずかしめられワナにかかる
⑤	兵や民衆を愛しすぎる	苦労する

侮られ計略にはまり、利欲がなく清廉な性格の者は辱しめられて計略にはまり、兵を愛しすぎる者はその世話で苦労をさせられる。これらの五つの過失は将軍が戦う際に妨げとなる。軍隊を全滅させ、将軍を戦死させるのは、必ずこの五つの危険のいずかなので十分な注意が必要である。

【解説】 トップは孤独とよくいわれる。これは、『孫子』のこの箇所を学べばよくわかる。将軍たる者の役割は戦いに勝利することにある。だから、いかに性格が潔癖であろうと、兵士を愛そうと、そのことによって敵につけこまれては何にもならない。必要な場面では部下に嫌われる時もあってよいのだ。最大の目的は勝利にあることを決して忘れてはいけない。

第9章　行軍篇

軍を率いる将の役割

布陣から敵軍の意図を読み、自軍の意図を読ませないのは、軍を率いる将軍の能力に頼るところが大きく、規律保持は重要である

the
ART
of
WAR
by Sun Tzu

01

地形を読むことで勝利を引き寄せる

孫子曰わく、凡そ軍を処き敵を相るに、山を絶つには谷に依り、生を視て高きに処り、隆きに戦いて登ること無かれ、此れ山に処るの軍なり。水を絶てば必ず水に遠ざかる。客、水を絶ちて来たらば、これを水の内に迎うる勿く、半ば済らしめてこれを撃つは利なり。戦わんと欲する者は、水に附きて客を迎うること無かれ。生を視て高きに処り、水流を迎うること無かれ。此れ水上に処るの軍なり。

斥沢を絶つには、惟だ亟かに去りて留まること無かれ。若し軍を斥沢の中に交うれば、必ず水草に依りて衆樹を背にせよ。此れ斥沢に処るの軍なり。平陸には易に処りて而して高きを右背にし、死を前にして生を後にせよ。此れ平陸の処るの軍なり。

凡そ此の四軍の利は、黄帝の四帝に勝ちし所以なり。

大意

孫子は言う。およそ軍隊の配置と敵情の判断は次のようになる。山を越える時は、谷に沿って進み、高みを見つけたらそこに陣を敷く。戦うときには自軍より高いところにいる敵と戦ってはいけない。これが山地における軍の戦い方である。川を渡った時は、必ずその川から遠ざかり、敵が川を渡って攻撃してきたら、敵が全て川の中にいるときに迎え撃ってはならない。敵の半数を渡り終わらせてから攻撃すると有利である。戦う時は、川のそばで敵を迎え撃ってはいけない。見通しのよい高みに陣を敷き、下流から上流へ敵を迎え撃ってはいけない。これが川のそばでの軍隊の配置と戦い方である。

沼沢地を通過する時は、すばやく通り過ぎなければいけない。しかたなく沼沢地で戦わざるを得ない時は、必ず飲料水や飼料の草のあるところで、森林を背後にして布陣する。これが沼沢地における布陣と戦い方である。平地では行動しやすい場所に布陣し、低地を前にし、高地を後ろになるようにする。これが平地における軍隊の配置と戦い方である。

およそこのような山、川、沼沢と平地の四つの軍隊の配置と戦い方こそ、古の黄帝が東西南北の四人の帝王に勝った理由である。

【解説】「宋襄の仁」という故事成語がある。相手に情けをかけて、こちらが敗れてしまうことだ。これは『春秋左氏伝』の逸話で、宋が楚と戦った時、楚の軍が川を半分渡ったところで宋の将軍たちが「孫子の兵法」の教え通り攻撃しようとしたところ、宋の襄公は「君子は人が困った時に苦しめない。兵が渡り切って陣形を整えてから攻撃するのだ」と攻撃を止め、結局敗れてしまった。地形をよく活用しなければ戦いには勝てないことを教えてくれる話である。また、余計な温情が味方の敗北を導くことにもなると戒める逸話でもある。

軍隊の配置

山地における軍隊の配置

山を越えるには
水や草のある谷に沿って進む

見通しのよい高所を見つけ
軍隊を駐留させる

敵が高地にいるときは
したから攻撃してはいけない

河川地帯における軍隊の配置

川を渡ったら遠ざかり
進退が自由にできるようにする

敵が川を渡って攻めてきたとき
には川の中にいるときは攻撃せず
半数を渡らせておいてから撃つ

敵を川岸で迎え撃たない

見通しのよい高所を見つけて
占拠する

下流には軍隊を配置しない

湿地帯における軍隊の配置

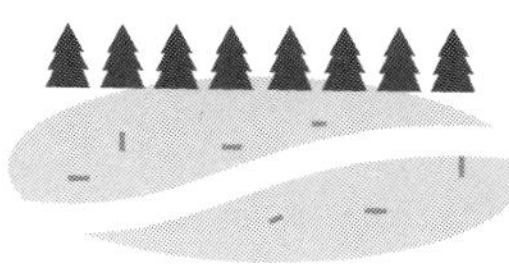

すばやく通過する

もし戦わざるを得ない事態に
なったら、飲用水や飼料のある
場所に近くで、森林を背にする
ように軍を配置する

平地における軍隊の配置

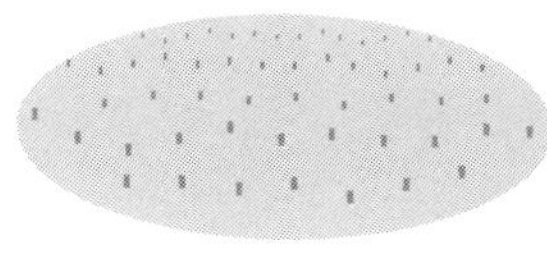

行動しやすい
平坦な場所に駐留する

右翼に配置されている
主力部隊は高所を背にする

低地を前に高地を後ろに
なるように戦う

02

地形は兵力の保全にも大いに関係する

凡そ軍は高きを好みて下きを悪(にく)み、陽を貴びて陰を賤(いや)しみ、生を養いて実に処(お)り、軍に百疾(ひゃくしつ)なし。これを必勝と謂う。丘陵隄防(ていぼう)には、必ず其の陽に処りて而してこれを右背にす。此れ兵の利、地の助けなり。

【大意】

軍隊を駐留させるには高地を選んで、低地を避けなければならない。陽あたりがよくて東南の開けた場所が最適で、陽あたりのよくない場所は避ける。兵の健康に配慮し、水や草の豊かなところに布陣する。これが戦えば必ず勝つ布陣である。軍の士気を低

軍隊の駐留場所

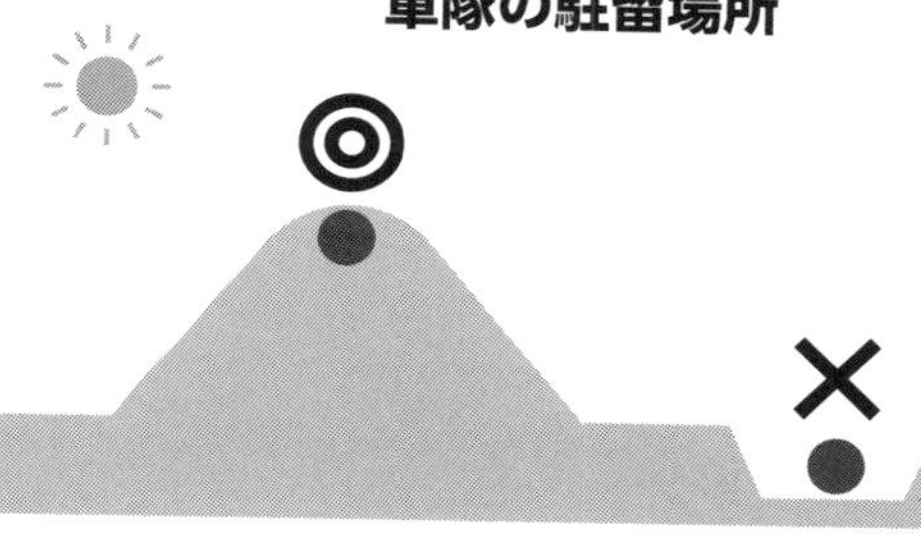

高地を選び、低地を避ける
陽当たりのよい場所が最高で
陽当たりのよくない場所はいけない

兵士が健康でいられる
=
戦えば必ず勝つ軍

下させる種々の疫病が発生することもない。丘陵や堤防のあるところでは必ず陽あたりのよい場所に軍配置し、丘陵や堤防が右後方になるようにする。敵と対峙するとき、これが軍事上の有利な点となり、地形による援護を受けることになる。

【解説】

地形は単に戦闘の時に勝利を左右するだけではない。軍隊の保全、兵の健康管理にも大きな影響を与える。常勝の軍とはきちんと整備され、健康であることが基本なのだ。

現代のビジネス社会に置き換えると、布陣とは会社の所在地である。情報の収集、陽あたりの良さなど、社員の士気などにも影響を与える重要な要素なのである。働きにくい環境では、社員も十分に力を発揮できないのである。

03

地形を見抜いて危険を避け、有利に変える

上に雨ふりて水沫至らば、渉らんと欲する者は、其の定まるを待て。
凡そ地に絶澗、天井、天牢、天羅、天陥、天隙あらば、必ず亟かにこれを去りて、近づくこと勿かれ。吾れはこれに遠ざかり、敵にはこれに近づかしめよ。吾はこれを迎え、敵はこれに背せしめよ。

【大意】

雨で川の上流の流れが激しく泡立っている場合は、氾濫の恐れがあるので、渡るつもりなら、その急な流れが収まるまで待つべきである。

危険な場所

こちらはそこから遠ざかり、敵には近づくようにさせる
こちらはそこを前面にし、敵は背にするようにさせる

およそ地形が、絶壁の谷間や四方を高く囲まれ渓水の満ちた井戸のような場所、三方を囲まれた牢獄、草木が密生に入ると身動きがとれない場所、進むと抜け出せない沼地や行きどまりとなる地の裂け目がある場合は、必ず速やかにそこを立ち去り、近づいてはならない。敵にはそこに近づくように導いて、自軍は近くに潜んでおき、敵にはその危険な場所が背後になるようにさせるとよい。

解説

碁やオセロのゲームのように、勝負ごとには場所取りの要素がある。押さえなければならない場所や、取ってはいけない場所がある。いかに勝利に結びつく場所を先に取っていくかを考えるべきである。そして敵には不利な場所を取らせるように仕掛けるのである。

04

軍の移動は細心の注意を払う必要がある

軍の旁に険阻、潢井、葭葦、山林、蘙薈ある者は、必ず謹んでこれを覆索せよ。比れ伏姦の処る所なり。

【大意】

軍の近くに、険しい地形、ため池や窪地、葦などの密生地、山林、草木の茂っている場所があるときには、必ず慎重に周囲を繰り返して捜索せよ。同じ人間に捜索させるのではなく、人を替えて捜索を繰り返すことが必要だ。なぜなら、これらの場所は敵の伏兵や間諜がいる可能性が高い場所だからである。

行軍中に注意するべき場所

戦争において敵の伏兵は注意をしなければならないが、その作戦が見事にはまったのがトラシメヌス湖畔の戦いだ。第二次ポエニ戦争の折、ハンニバル率いるカルタゴ軍が共和制ローマ軍を破ったのである。

【解説】

前二一七年、宿敵ハンニバルを撃つべく軍を組織した共和制ローマ軍は、トラシメヌス湖畔に差しかかった。北側の丘陵と湖畔の間に位置する隘路を進むローマ軍は細長く伸びてしまい、丘陵側からカルタゴ軍の攻撃を受ける。湖を背に戦うことになったローマ軍は撃破されてしまう。伏兵によって勝利を手にしたハンニバル率いるカルタゴ軍の士気は一気に高まり、戦争の前半はカルタゴ軍が優勢で進んだ。

05

敵の動向から内情を推し量る

敵近くして静かなる者は其の険を恃(たの)むなり。敵遠くして戦いを挑(いど)む者は人の進むを欲するなり。其の居る所の易(い)なる者は利あるなり。衆樹の動く者は来たるなり。衆草の障(おおい)多き者は疑(ぎ)なり。鳥の起(た)つ者は伏なり。獣の駭(おどろ)く者は覆(ふう)なり。塵(ちり)高くして鋭き者は、車の来たるなり。卑(ひ)くして広き者は、徒の来たるなり。散じて条達する者は樵採(しょうさい)なり。少なくして往来するは軍を営(いとな)むなり。

【大意】

敵軍が近くに居ながら静まっているのは、布陣している地形の険しさを頼りにして、こちらを誘い出そうとしているからである。敵が遠くにいながら交戦を挑んでくるのは、こちらを進撃を望んでいるのである。敵が平地に陣を敷いているのは、こちらに攻めやすい隙を示して誘い出そうとしているのである。多くの木々が揺れ動くのは、敵が進撃しているのである。草を結ぶなどの罠を仕掛け、それを隠してているのは、伏兵がいるように見せかけ、こちらを惑わそうとしているのである。鳥が飛び立つのは伏兵がいるのである。獣が驚いて走り出すのは敵が奇襲を仕掛けてくるのである。砂塵が高く上がり砂煙の前方が尖っているのは、戦車が攻めて来るのである。砂塵が低く広がっているのは、歩兵が攻めて来るのである。砂塵がまばらに上がり、縦や横に細く伸びているのは、敵が薪などの燃料を集めているのである。砂塵が立ってあちこち動くのは、斥候が動いて軍営を設置しているのである。

【解説】

鎌倉時代に編まれた「古今著聞集」にはこうある。

「八幡太郎」こと源義家は勇名で知られており、前九年の役での活躍を時の関白藤原頼通が大江匡房（まさふさ）に話したところ、匡房は「まだまだ義家は戦を知らない」と諭したという。それを伝え聞いた義家は、匡房を訪れ兵法の教えを乞うた。

よく観察する(1)

戦車?　歩兵?
薪を集めている?　軍営設置?

後年、後三年の役で金沢の城を攻めた折、刈田に降りようとした一列の雁が、急に列を乱して飛び帰った。それに気づいた義家は匡房の教えを思い出した。

「伏兵が野に潜み待ち伏せしているときは、飛ぶ雁が列を乱す」

義家はすぐさま周囲を探索し、潜んでいた三〇〇ほどの騎兵を包囲し、打ち果たしたのである。

後に義家はこう語ったという。

「大江先生の教えがなければ、こちらが危なかった」

大江匡房は、平安後期の学者・歌人で後三条、白河、堀河の天皇に仕えた。詩文に優れ、有識故実に通じていたので、『孫子』もおさめていた。一六歳で文章得業生となったが、これは当時最年少で合格した菅原道真よりも早く、神童と呼ばれた。当時の政治状況は、権勢を誇った摂関家に翳りが出始め、藤原氏を外戚としない後三条天皇天皇が誕生し、天皇親政が復活、院政を向いつつあった。その政治の潮流の中で匡房は頭角を現していった。

義家は匡房に弟子入りしたが、実は匡房のほうが年下である。義家は一〇三九年、匡房は一〇四一年に生まれている。

匡房は『孫子』に通じていたが、武人だった訳ではなく、文人官僚としてキャリアの階段を登っていた。

06

敵軍の動きから状況を把握する

辞の卑（ひく）くして備えを益（ま）す者は進むなり。辞の強くして進駆（しんく）する者は退くなり。軽車の先ず出でて其の側（かたわら）に居るは者は陳（じん）するなり。約無くして和を請う者は謀なり。奔走して兵を陳ぬる者は期なり。半進半退する者は誘うなり。

【大意】

敵の使者の話し方がへりくだっていながら、布陣を見ると守備を強化しているのは、進軍の準備をしているからである。敵の使者の物の言い方が強硬で進軍してくるような姿勢を示しているのは退却するつもりだからである。敵が戦車を先に出動させ、軍の

よく観察する(2)

状況	意味
使者がへりくだっていながら戦備を強化している	攻撃の準備をしている
使者が強硬で、進撃してくる姿勢を示している	退却使用としている
戦車が先に出動し側面に配置している	布陣して攻撃しようとしている
敵が理由もなく講話に来る	陰謀がある
あわただしく走りまわり軍隊を配置している	決戦しようと望んでいる
混乱しているように見える	誘い出そうと企んでいる

左右に配置しているのは、攻撃を考えているのである。追い詰められた状況ではないのに講和を持ちかけるのは、陰謀を企んでいるからである。慌ただしく走りまわって兵を配置しているのは、決戦を仕掛けるつもりだからである。敵軍の半分が進み、半分が退いたり、混乱しているように見えるのは、こちらを誘い出そうとしているのである。

【解説】　戦いは相手を油断させ、その隙を狙うことを基本とする。それは敵も同様である。したがって、敵の行動を見てその本質を見抜かなくてはいけないのである。

これは個人の行動にもあてはまる。理由もなくお世辞を言ったり、利益を与えようとする人の心中は欲にまみれているものだ。

07

敵の動向から実情をつかみ優位に立つ

杖つきて立つ者は飢うるなり。汲みて先ず飲む者は渇するなり。利を見て進まざる者は労るるなり。鳥の集まる者は虚しきなり。夜呼ぶ者は恐るるなり。軍の擾るる者は将の重からざるなり。旌旗の動くは乱るるなり。吏の怒る者は倦みたるなり。馬に粟して肉食し、軍に懸缻なくして、その舎に返らざる者は窮寇なり。

諄諄翕翕として、徐ろに人と言るは衆を失うなり。数ゝ賞する者は窘しむなり。数ゝ数罰する者は困るるなり。先きに暴にして後にその衆を畏る

る者は不精の至りなり。来たりて委謝する者は休憩を欲するなり。兵怒りて相迎え、久しくして合わず、又解き去らざるは、必ず謹しみてこれを察せよ。

【大意】

兵が杖にすがって立っているのは、軍が飢えているからである。水汲みの兵が水を汲んで、われ先に飲むのは、軍が水に窮しているからである。敵が有利なはずのに進撃しないのは疲労しているのである。多くの鳥が集まっているのは、軍営に兵がいないからである。敵兵が夜間に叫び声を上げるのは、敵が臆病で恐怖を感じているからである。敵の軍営が騒がしいのは将軍に威厳がないからである。軍旗の位置が定まらないのは、軍の秩序が乱れているからである。敵の官吏が怒っているのは軍が疲弊しているからである。馬に兵の食料を与えたり、兵に肉食をさせ、釜などを始末し軍営に帰らないのは、窮地に追いやられた敵である。

敵の将軍が親しんで兵士と話をしているのは、将軍が求心力を失っているからである。敵の将軍が頻繁に兵に褒賞を与えているのは、その軍が士気を上げられず困っているからである。

よく観察する（3）

敵の将軍が頻繁に兵士を懲罰しているのは、その軍が苦境に陥っているからである。兵士を乱暴に扱ってしまい、兵士の離反を恐れるのは、考えが行き届かず愚の骨頂である。敵の使者がやって来て貢物をして謝るというのは休戦し、しばらく兵を休ませたいからである。敵がいきり立って攻撃を仕掛けておきながら、戦おうともせず、また退こうともしないのであれば、自軍はその理由を必ず慎重に調査しなければならない。

解説

組織は窮地に陥ると、危険な徴候が様々に現れる。戦いにおいては敵の中にその徴候をよく観察し、こちらの対応法を間違えないようにしなくてはいけない。そのためにも、いくつかのルートで情報を確認し、敵の状況を正しく把握しておく必要がある。

逆に言えば、将たる者は、どんな危機においても人心を掌握できるように普段から心がけておかなくてはいけない。

この点で、赤穂四十七士の討ち入りを成功させた大石内蔵助は見事であった。昼行灯を装い、部下たちにも討ち入りを諦めたかのように装わせ、幕府側、吉良側の間諜を欺き、偽の情報を流して敵の目をごまかし続けたのである。

08

規律の遵守によって軍は一つになる

兵は多きを益ありとするに非ざるなり。惟(た)だ武進すること無く、力を併(あ)わせて敵を料(はか)らば、以て人を取るに足らんのみ。夫(そ)れ惟だ慮(おもんぱか)り無くして敵を易(あなど)る者は、必ず人に擒(とりこ)にせらる。

卒未だ親附せざるに而もこれを罰すれば、則ち服せず。服せざれば則ち用い難きなり。卒已(すで)に親附せるに而も罰行われざれば、則ち用うべからざるなり。故にこれを合するに文を以てし、これを斉(ととの)うるに武を以てす、是れを必(ひっ)取(しゅ)と謂う。

令素（れいもと）より行われて、以て其の民を教うれば、則ち民服す。令素より行われずして、以て其の民を救うれば、則ち民福せず。令素より信なる者は衆と相い得るなり。

【大意】

戦争において、兵の数が多いほどよいというものではない。ただ猛進すればよいものではなく、戦力を集中し敵の状況を判断しながら戦えば、勝利できるだろう。そもそもよく考えもせずに、敵を軽く見る者は、敵の捕虜とされるだだろう。

兵たちが将軍の戦術に慣れていないのに懲罰を行ってしまうと兵は心服しない。心服しないと兵を働かせにくいものだ。兵たちが将軍の戦術にすでに慣れているのに懲罰を行わないでいると、兵をうまく働かせることができない。だから、軍では恩賞と厳罰の順で統制するのであり、これを必勝の軍というのである。

普段から法令を徹底させ、それでもって兵を指揮・命令すれば兵は服従するが、普段から法令を徹底させず、兵を教育しても、兵は服従しない。普段から法令が正当なものであれば、兵の心が一つになっているのである。

【解説】 『孫子』は数を大事にする。兵力は兵の多さに比例するのが基本である。しかし、それだけでは必勝の軍隊にはなれないことを孫子は教えてくれる。規律が緩めば、一〇の兵士が一〇の力を発揮できなくなる。それは勝敗に直結するからだ。

戦えば必ず勝つ軍隊のつくり方は、将軍と兵士が一体となっているということである。そのために必要なのが「恩賞と厳罰」、つまり信賞必罰である。決められた法令・基準に基づいて「恩賞と厳罰」を実行できた時、兵士は軍に畏敬の念を抱き、最強、つまり必勝の軍隊をつくりあげることができるのだ。

これは戦争における軍隊という組織にのみ当てはまることではない。会社、自治体など組織全般について言えることである。

ルールを守らなかった者は、きちんと罰したり降格したりするが、組織に利益をもたらす者、成果を挙げる者については、必ず恩賞が用意されている。これを公正公明に行えば、どの分野でも強い組織ができるのである。

必勝の軍隊をつくる

まだ将軍のやり方に慣れていないのに懲罰を行う
▼
兵士は心服しないので兵は動かしにくい

すでに将軍のやり方に慣れているのに
懲罰を行わない
▼
兵士をうまく動かせない

必勝の軍隊

第10章　地形篇

勝利の切り札は地形

敵より優位を保つためには、布陣する地形の特性を理解して、将軍は用兵においてすべての面で権限と責任を持つ必要がある

the ART of WAR
by Sun Tzu

01

将軍は地形の利を考察し勝利を確実にする

孫子曰わく、地形には通ずる者有り、挂ぐる者有り、支るる者有り、隘き者有り、険なる者有り、遠なる者有り。

我れ以て往くべく彼以て来たるべきは曰ち通ずるなり。通ずる形は、先ず高陽に居り、糧道を利して以て戦えば、則ち利あり。以て往くべきも以て返り難きは曰ち挂ぐるなり。挂ぐる形は、敵に備え無ければ出でてこれに勝つ。敵若し備え有れば出でて勝たず、以て返り難くして不利なり。我れ出でて不利、彼れも出でて不利なるは、曰ち支るるなり。支るる形は、敵、我れを利すと雖も、我れ出ずること無かれ。引きてこれを去り、敵をして半ば出でしめてこれを撃つは利なり。

隘なる形は、我れ先ずこれに居れば、必ずこれを盈たして以て敵を待つ。若し敵先ずこれに居り、盈つれば而ち従うことなかれ、盈たざれば而ちこれに従え。険なる形は、我れ先ずこれに居れば、必ず高陽に居りて以て敵を待つ。若し敵先ずこれに居れば、引きてこれを去り、従うこと勿かれ。遠き形は、勢い均しければ、以て戦いを挑み難く、戦えば則ち不利なり。

凡そこの六者は地の道なり。将の至任にして、察せざるべからざるなり。

【大意】

孫子は言う、地形には通じ開けたものがあり、障害の多いものがあり、細かく道が分かれたものがあり、狭いものがあり、険しいものがあり、遠いものがある。

自軍が進めることができ、敵も来ることができる通行に障害のない地形を「通じ開けた地形」と呼ぶ。この地形では、見通しがよくて陽の当たる高地を敵よりも先に占拠し、食糧補給の道を確保して戦えば有利になる。進むことは簡単だが引き返すのが難しい地形である。障害の多い地形では、敵に準備が不十分であれば戦っても勝てるが、もし敵が準備していれば、勝つことは難しく、引き返すことも難しく不利となる。こちらが進軍しても不利で、敵軍が出てきても不利なのは、細かく道が分かれた地形である。細かく道が分かれた地形では、こちらが優利なように敵に誘い出されてもつられてはならない。それよりも軍隊を退却させて、敵の半分が出てきたところを反撃すると、有利になる。両側の山が迫った谷間の狭い地形では、先にこちらがその場を占拠すれば、敵兵が固まっている場合は攻撃してはならず、散らばっている場合は攻撃してよい。

険しい地形では、先にその場を占拠している場合には、必ず見通しのよく陽の当たる高地に布陣するようにし、敵が来るのを待つべきである。もし敵が先にその場を占拠している場合には、軍を退却させて攻撃してはならない。敵と自軍の陣地が遠く隔たっている地形で、両軍の

地形を利用する法則

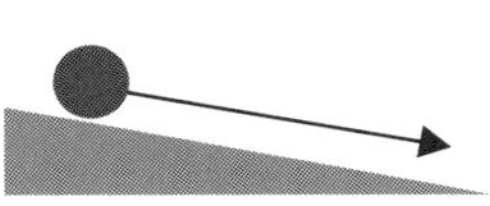

通（交通の発達した地形）

見通しのよい陽のあたる高地を
先に占拠し、食糧補給の道を
確保しておくようにして戦う

挂（進むことはできるが
引き返すことは難しい地形）

もし敵に防備がなければ出撃して勝てる
もし敵が防備している場合には、出撃しても
勝つことができず引き返すことも難しく不利

支（味方が出撃すると不利になり
敵が出撃しても不利な地形）

たとえ利益で誘われても戦いに出ていけない
軍隊を退却させ、それに応じて敵の半分が
出てきたところを反撃すると有利

隘（山の谷間といった地形）

先に占拠している場合は出入口に兵力を集中して
敵が来るのを待つべき。もし敵が先に占拠し、出入
口に兵力を集中している場合には攻撃して行けない。
そうでない場合は攻撃してよい

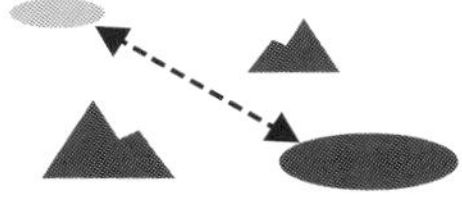

険（険しい地形）

先に占拠している場合は必ず見通しのよい
陽があたる高地にいて敵の来るのを待つべき。
もし敵が先にその場を占拠している場合には
軍隊を退却させて攻撃してはならない。

遠（敵と味方の陣地が
遠く隔たっている地形）

双方の実力が等しい場合は
戦いをしかけるのは難しく
戦うと不利になる。

**地形を利用する法則は
将軍の重大な任務と責任である。
十分に考察しなければならない。**

兵力が等しい場合には、戦いを仕掛けるのは難しく、戦うと不利になる。

これらの六つのことは、いずれも地形を利用する法則であり、将軍の最も重大な責任であるから、十分に考察しなければならない。

【解説】 戦争においては地形は補助的な条件かもしれないが、その利用は勝敗に大きな影響を与える要素にもなる。戦争研究においても、その戦いの時の地形がどうだったのかは念入りに調査されるので主要なテーマと言えるだろう。

『三国志』の英雄の一人である曹操は孫子の研究における第一人者でもある。「戦う時、地形を調べて勝てるようにする」。その重要性を「孫子」で学んだと述べている。曹操が天才戦略家の一人に数えられるのは、孫子の教えを徹底的に頭に叩き込んでいたからであろう。しかし、それでもいくつかの戦に負けたことがある。その好例が赤壁の戦いである。いかに軍の動かし方というのが難しいかがわかる。

この赤壁の戦いは結果として天下三分の計につながっていき、曹操の覇業は一歩後退した。しかし、曹操が戦で敗れることがあっても、必ず態勢を立て直すことができたのは、やはり孫子の兵法の原則を心に刻んでいたからに違いない。

コラム +1

東アジアに影響を与えた儒家

諸子百家の中で最も影響力が大きかったのは儒家だ。

孔子はその祖である。彼の生きた春秋時代は、周が力を失ってしまい、社会秩序が混乱していた。不安定な社会から再び安定した社会に戻すために、周の時代に戻るべきだと説いたのである。その第一歩として、周の時代におこなわれていた礼を復活させる必要があり、礼が習慣化すれば、自分以外の他者に対する愛情（仁）が洗練され、安定した社会が再び構築されると考えたのである。孔子が礼を大切だと考えたのは形式ではなく、その形式に込められた相手を敬う気持ちが大切だと考えたのだ。

お辞儀をするのは相手を敬う気持ちを込めたものなのだ。葬儀が大切なのは、死者を悲しむ気持ちが大切だからだ。このように、礼に込められた気持ちを孔子は仁と名付けた。仁が育まれる慣習としての礼の実行ができる社会を理想としたのである。

孔子のあと、孟子、荀子、朱子、そして王陽明と儒家の思想は受け継がれていき、日本のみならず東アジア全域にその影響が及んだ。

02

将軍が軍を敗北に導いてしまう六つの原因

故に兵には、走る者有り、弛む者有り、陥る者有り、崩るる者有り、乱る者有り、北ぐる者有り。凡そ此の六者は天の災に非ず、将の過ちなり。夫れ勢い均しきとき、一を以て十を撃つは曰ち走るなり。卒の強く吏の弱きは曰ち弛るなり。吏の強く卒の弱きを曰ち陥るなり。大吏怒りて服せず、敵に遇えば懟みて自ら戦い、将はその能を知らざるは、曰ち崩るるなり。将の弱くして厳ならず、教道明らかならずして、吏卒は常なく、兵は陳ぬること縦横なるは、曰ち乱るるなり。将、敵を料ること能わず、少を以て衆に

合い、弱を以て強を撃ち、兵に選鋒（せんぽう）なきは、日ち北ぐるなり。
凡そ此の六者は敗の道なり。将の至任にして察せざるべからざるなり。

【大意】

軍隊が多勢になったときには、逃亡するものがあり、緩んでしまうものがあり、落ち込むものがあり、崩れるものがあり、乱れてしまうものがあり、敗走するものがある。この六つは、自然の災難ではなく、すべて将軍の過ちによるものである。

そもそも軍の力が等しいとき、数で十倍も多い敵を攻撃すると、戦うまでもなく自軍は崩れ、兵は逃亡する。兵が強いのに統率する将校が弱いのは、軍は緩んでしまう。将校が強いのに兵が弱い軍隊は士気が上がらず落ち込む。士卒が怒って将軍の命令に服従せず、敵に遭遇しても憤然と自分勝手に戦ってしまい、将軍も士卒の能力を知らないなら、そのような軍隊は自ら崩壊する。将軍が弱々しくて厳しさがなく、兵への命令が曖昧で、軍内に規律がなく、布陣も乱れている軍隊は混乱する。将軍が敵の状況を推し量ることができず、少数の兵士で多数の敵と戦い、軍の先鋒に精鋭の部隊がいない時は敗北する。

以上の六つは、敗北する原因であり、将軍の重大な責任として、十分に考えられなくてはならない。

解説

孫子はここで、戦いにおいて敗れる原因と経過を六つに分けて述べている。敗北はすべて将軍の統率力とか指揮能力の問題から生じる人災であることを強調する。

太平洋戦争の転換点となったのは一九四二年のガダルカナル島の戦いである。日本陸軍の精鋭部隊がアメリカ海兵隊に挑んだ末に全滅したのである。しかし、それは無謀としか言わざるをえなかった。精鋭とはいえわずか一〇〇〇人の兵が一万を超える海兵隊に銃を向けたのである。精鋭を率いた指揮官は、勝ち目のない無謀ともいえる突撃作戦に固執し、兵士の命を南洋に散らせたのである。

敗因はこれだけではない。四一年、ガダルカナル島を制した日本軍は飛行場建設に着手するが、その進捗や規模などの情報は現地住民を通じて連合軍に筒抜けあった。さらに「連合軍の反攻は一九四三年までない」という不確かな情報を信じこみ、アメリカと対峙する準備を進めてこなかったのである。

まさに太平洋戦争の敗戦は、指揮官の敗北であり、軍指導者の敗北だった。

敗北をもたらすもの

原因	結果
将校の智恵、兵士の勇ましさ、地形などの環境といった点で勢力が敵と等しいとき、十倍の数の敵を攻撃する	敗走する
兵士が強いのに将校が弱い	弛む
将校が強いのに兵士が弱い	窮地に陥る
将校が将軍に服従せず、敵に遭遇しても憤然と勝手に戦ってしまう。しかも将軍が将校の能力を知らない。	自ら崩壊する
将軍が弱々しくて厳しさがなく兵士への指令が曖昧。将校や兵士にも規律がなく、布陣も乱れている。	混乱する
将軍が敵の状況を判断できない。少数の兵士で多数の敵と戦い、弱い軍隊で強い敵を攻撃し、精鋭部隊もいない。	敗北する

以上のことはすべて将軍の過ちである
将軍の重大な責任として
十分に考えられなくてはならない

03

国家と兵の両方に心を配る将軍は国の宝

夫れ地形は兵の助なり。敵を料(はか)って勝を制し、険夷(けんい)、遠近を計るは、上将の道なり。これを知りて戦いを用(おこ)なう者は必ず勝ち、此れを知らずして戦いを用なう者は必ず敗る。

故に戦道必ず勝たば、主は戦う無かれと曰うとも必ず戦いて可(か)なり。戦道勝たずんば、主は必ず戦えと曰(い)うとも、戦う無くして可なり。故に進んで名を求めず、退いて罪を避けず、唯だ民を是れ保ちて而して利の主に合うは、国の宝なり。

良い将軍とは(1)

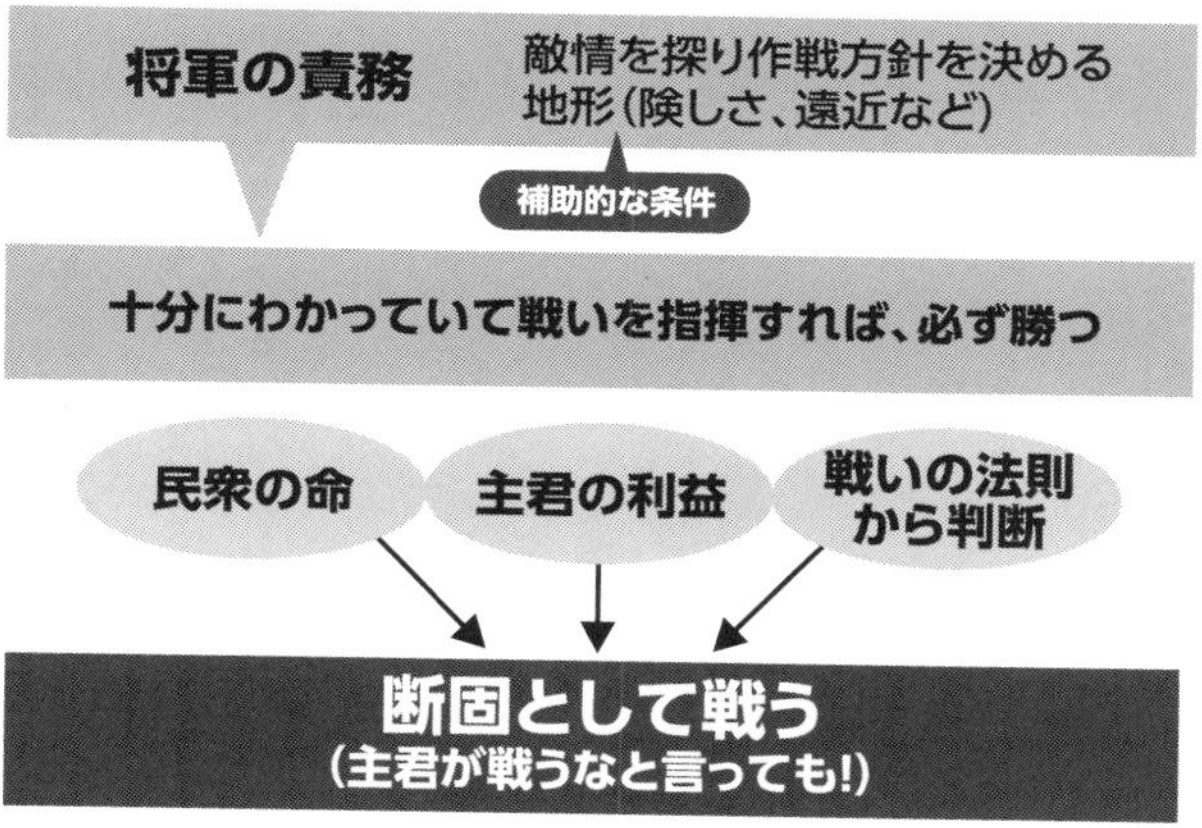

将軍の責務
敵情を探り作戦方針を決める
地形(険しさ、遠近など)
補助的な条件

十分にわかっていて戦いを指揮すれば、必ず勝つ

民衆の命
主君の利益
戦いの法則から判断

断固として戦う
(主君が戦うなと言っても!)

【大意】

地形とは戦争を有利に導く補助的な条件である。地形を使って敵情を探り、勝つための作戦を立て、地形の険しさや距離の遠近を考え、それに応じた作戦を実行するのは将軍の責務である。これらを十分に理解して戦いを指揮すれば必ず勝つが、これらを理解せずに戦いを指揮すればその将軍は必ず敗れる。

それで、戦いの法則から判断して必ず勝てるなら、主君が「戦うな」と言っても、断固たる決意で戦ってよく、逆に戦いの法則から判断して必ず敗れるのなら、主君が「戦え」と言っても戦わなくてよい。将軍は名誉を求めるのはなく、軍を進めるべきときには進み、罪を恐れずに軍を退かせるべきときには退かせる。兵の命を大切にし、戦争を主君の利益とも一致させるようにする将軍は国の宝である。

【解説】

紀元前一世紀、共和政ローマはクラッスス、ポンペイウス、カエサルの三人が指導し、三頭政治と呼ばれた。しかし、クラッススの戦死により三頭政治が崩れ、ポンペイウスとカエサルの対立は激化していった。当時、ガリア属州の総督だったカエサルは元老院からのローマへの招集を受けた。カエサルは軍を率いてガリアとローマの境界となっていたルビコン川まで進んだが、共和政ローマにおいては軍を率いてルビコン川を渡り南下することは禁じられていた。国家へ反逆の意思があると考えられたのである。

ローマは、ポンペイウスが権勢を誇っていた。カエサル派の政治家は少なく、丸腰でローマに進むことは、体のいい理由で殺されることをカエサルはわかっていた。軍規に反してルビコン川を渡る前、カエサルは兵士たちに檄を飛ばした。

「敵の待つ地へ進もう。賽は投げられた」。前四九年のことである。

こうしてカエサル率いる六〇〇〇の兵がローマへ進むのを知ったポンペイウスは大きな判断ミスをした。カエサルより多い兵力を有しながら、決戦を避けローマからイタリア南部へ逃げ出したのだ。そしてカエサルはファルサルスの戦いでポンペイウスを撃破した。敗走したポンペイウスはアレクサンドリアで暗殺されてしまう。

軍規に反しても勝機を逃さないことでカエサルは、ローマの支配者にまでなったのである。

コラム +1

現代の『孫子』、「ランチェスター戦略」

「ランチェスター戦略」という経営論をご存じだろうか。

この戦略は弱者が強者に勝つための競争理論であり、現代の孫子の兵法とも呼ばれている。もともとは第一次世界大戦時のイギリスの軍事研究から始まり、アメリカで発展後、日本でマーケティング理論として体系化した。

「ランチェスター戦略」には基本原則が2つある。1つは弱者の戦略となる「戦闘力（結果）＝武器効率（質）×兵力数（量）」。もう1つは強者の戦略となる「戦闘力＝質×量の2乗」だ。これは『則ち能く之を避く。故に、小敵の堅なるは大敵の擒なり』という孫子の教えにも似ているように感じる。

しかし、ビジネスは人と人とのつながりであり、ピッタリ公式に当てはめられるわけではない。そこで、ソフトバンクの孫正義社長は「ランチェスター戦略」と『孫子』を組み合わせて経営を行っているという。科学的な「ランチェスター戦略」と人間の心理をも巧みに利用する『孫子』との組み合わせによって、盤石な経営体制の確立へとつなげているのだろう。

04

兵を厚く扱っても甘やかしていけない

卒を視ること嬰児（えいじ）の如し、故にこれと深谿（しんけい）に赴（おもむ）くべし。卒を視ること愛子の如し、故にこれと倶（とも）に死すべし。厚くして使うこと能（あた）わず、愛して令すること能わず、乱れて治むること能わざれば、譬（たと）えば驕子（きょうし）の若（ごと）く、用うべからざるなり。

【大意】

将軍が兵士を治めるのに、兵士を赤ん坊のように大切にすれば、それによって、深い谷底のように危険な接地にも行けるようになる。将軍が兵をわが子のように深

良い将軍とは(2)

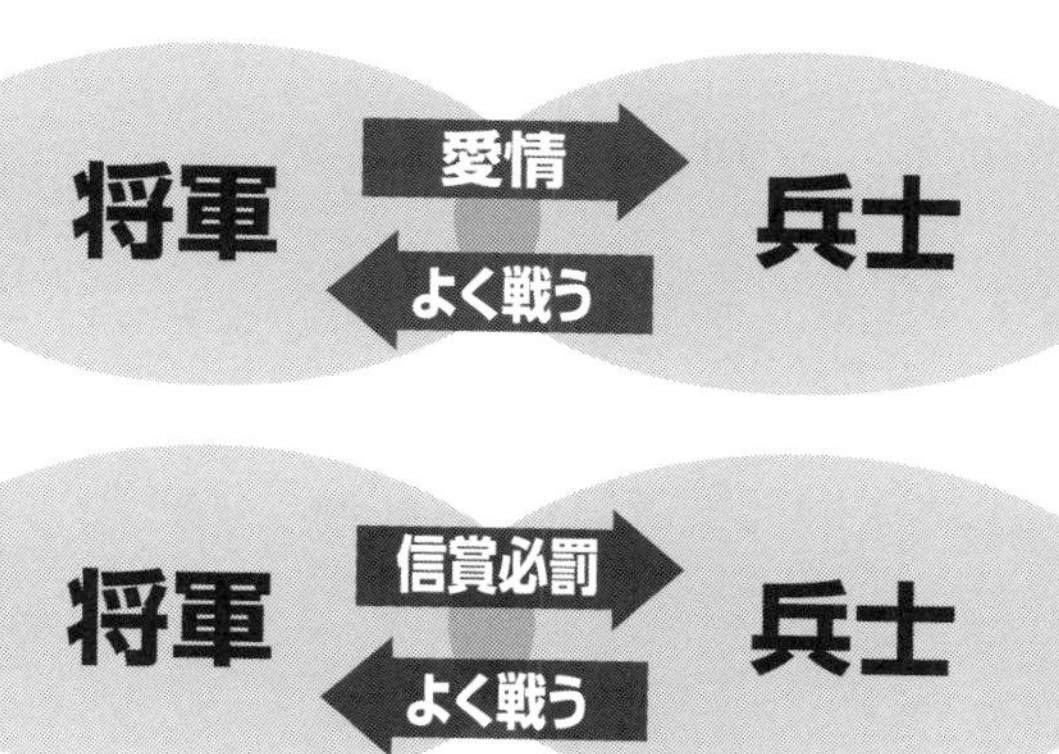

い愛情をもって大切にすれば、それで兵士たちと生死をともにできるようになる。しかし、愛し、いたわるのはよいが、手厚く扱うだけで仕事をさせず、かわがるだけで命令もできず、違反をしてもそれを制止できないようでは、わがままの子どものようなものであり、何の役にも立たない。

【解説】

強い軍隊は将軍と兵の信頼関係が厚い。豊臣秀吉が「東の本多、西の立花」として最強の武将と例えた立花宗茂も同じことを述べている。「部下たちが自分と生死をともにし命を捨てて戦うのは、日ごろの自分の接し方がわが子に対するようであるからだ」と。他にも立花宗茂は「敵のなさんと思うところを先になさせば戦いに勝てる」と言う、孫子をよく学んでいたことがわかる。

05

敵軍、自軍、地形の三つを把握すべきだ

吾が卒の以て撃つべきを知るも、而も敵の撃つべからざるを知らざるは、勝の半ばなり。敵の撃つべきを知るも、而も吾が卒の以て撃つべからざるを知らざるは、勝の半ばなり。敵の撃つべきを知り、吾が卒の以て撃つべきを知るも、而も地形の以て戦うべからざるを知らざるは、勝の半ばなり。

故に兵を知る者は、動いて迷わず、挙げて窮せず。故に曰く、彼を知り己を知れば、勝乃ち殆うからず、地を知り天を知れば、勝乃ち全うすべし。

【大意】

自軍の兵卒がよく訓練され、将と兵卒が同じ考えで敵を攻撃して勝利できることがわかっていても、敵を攻撃してはいけない状況もあると知っておかなければ、必ず勝つとは限らない。敵軍に隙があって攻撃してよい状況だとわかっていても、自軍が攻撃する準備が十分でないと把握していなければ、必ず勝つとは限らない。敵に隙があって自分の軍隊が攻撃してよい状況にあることを把握し、自軍も敵を攻撃する力があるとわかっていても、地形が戦ってはならない状況であることを確認していなければ、必ず勝つとは限らない。

だから戦争によく通じた人は、敵のことも、自軍のことも、地形もよく把握した上で行動するので、自軍を動かしても迷わず、戦っても苦しむことがない。だから、「敵の状況を知り味方の状況を知っていれば勝利は確実なものとなり、地形を知り、自然界の巡りのことを知っていれば、常に勝利を収めることができる」といわれるのである。

【解説】

この項で孫子は、有名な「謀攻篇」における「彼を知り己を知れば百戦して殆うからず」の言葉に加え、さらに「地を知り天を知ることができれば、万全な勝利を手にすることができる」と強調している。

孫子は、味方の軍隊と敵の軍隊の状況をよくつかんで、いずれからみても必ず勝てる態勢をもって、始めて攻撃をしてよいと言う。それでも、戦いが進む過程で地形に対応したり、天候や自然現象も味方にしないと必勝ではないと言う。

敵を知り、味方を知り、地形・自然を知って戦えば勝利が近づくが、もうひとつ必要な要素がある。それは迅速な状況判断である。

実際の戦いでは状況が刻々と変化していく。突然出てきた伏兵に応戦することもあれば、眼下の攻めやすいところで敵が陣を張っていることもある。そういうときに、指揮官の指示を待っていては勝利のチャンスを逃すことになる。

歴史上、戦いにおいて臨機応変さを身につけていたのはマケドニアのアレキサンドロス大王だろう。まだ王子だった前三三八年、マケドニアとアテネ・テーベ連合軍がギリシア世界の覇を競ってカイロネイアで激突した。戦力としてはアテネ・テーベ連合軍が有利だったが、連合軍の両翼が広がり中央にできた隙間をアレキサンドロス率いる一軍が突いて連合軍を分断された。これによって連合軍は一気に崩れ、雌雄は決したのである。

アレキサンドロスのとっさの判断が、マケドニアに勝利を導き、マケドニアがギリシアをほぼ統一、覇権を確立したのである。

敵・己・天・地を知る

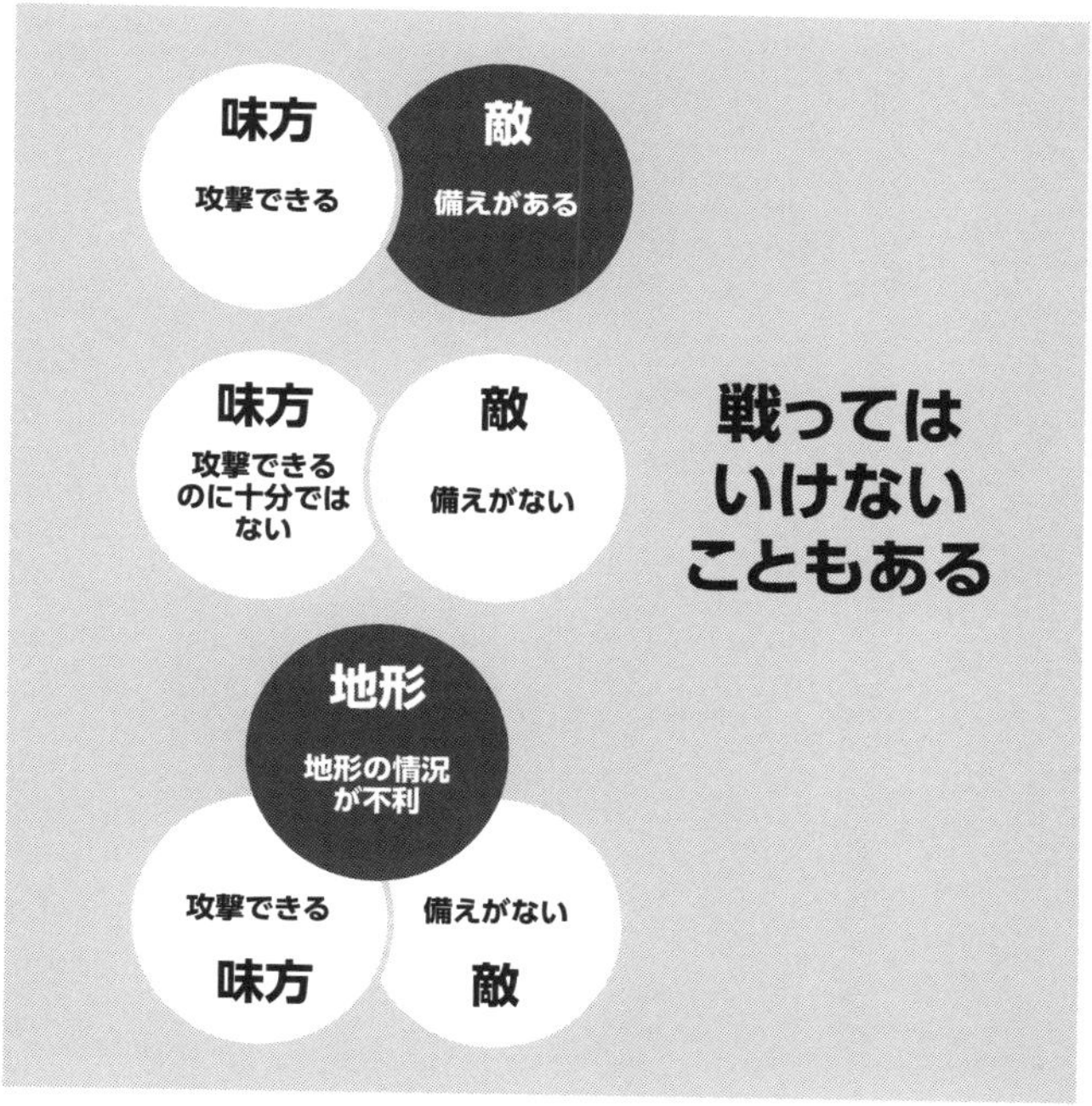

味方
攻撃できる

敵
備えがある

味方
攻撃できるのに十分ではない

敵
備えがない

地形
地形の情況が不利

攻撃できる
味方

備えがない
敵

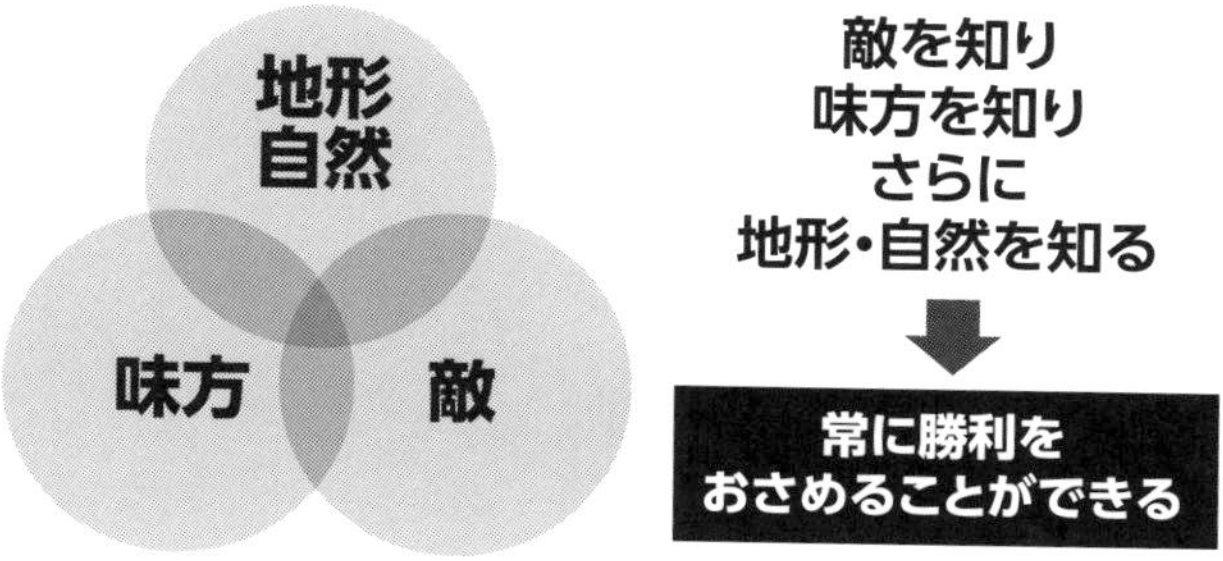

戦ってはいけないこともある

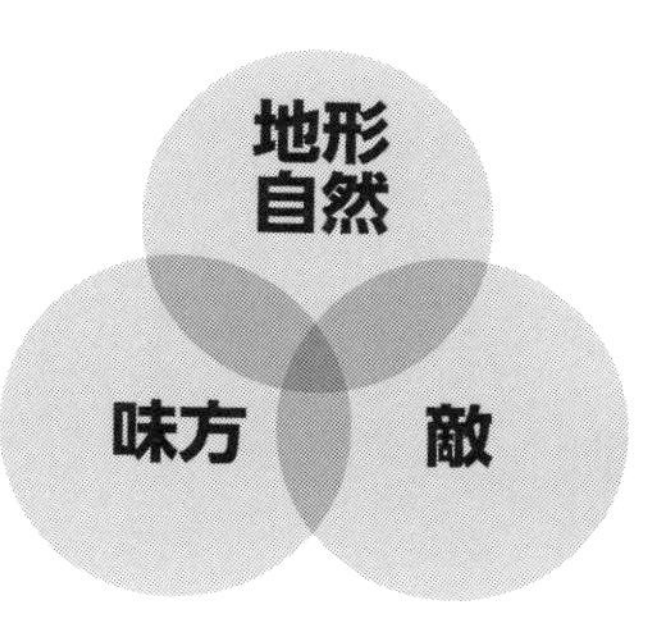

敵を知り
味方を知り
さらに
地形・自然を知る

常に勝利をおさめることができる

第11章　九地篇

地形が与える影響

土地の特性が戦いに影響を及ぼすため、将軍は敵兵の心理を把握して、それに応じた用兵をして、勝利を導かなければならない

the
ART
of
WAR
by Sun Tzu

01

戦う場所の特性に合わせて戦術を選ぶ

孫子曰わく、用兵の法に、散地あり、軽地あり、争地あり、交地あり、衢地あり、重地あり、圮地あり、囲地あり、死地あり。

諸侯自ら其の地に戦うを、散地と為す。人の地に入りて深からざる者を、軽地と為す。我れ得るも亦た利、彼れ得るもまた利なる者を、争地と為す。我れ以て往くべく、彼れ以て来たるべき者を、交地と為す。諸侯の地四属し、先ず至って天下の衆を得る者を、衢地と為す。人の地に入ること深く、城邑を背くこと多き者を、重地と為す。山林、険阻、沮沢を行き、、凡そ行き難きの道なる者を、圮地と為す。由りて入る所のもの隘く、従って帰る所の者迂にして、彼れ寡にして以て吾れの衆を撃つべき者を、囲地と為す。疾戦すれば則ち存し、疾戦せざれば則ち亡ぶ者を、死地と為す。

是の故に、散地には則ち戦うことなく、軽地には則ち止まることなく、争地には則ち攻むることなく、交地には則ち絶つことなく、衢地には則ち交を合わせ、重地には則ち掠め、圮地には則ち行き、囲地には則ち謀り、死地には則ち戦う。

【大意】

孫子は言う。戦争の法則において戦場になる地とは、散地（軍の逃げる土地）・軽地（軍の浮き立つ土地）・争地（敵と奪い合う土地）・交地（往来の便利な土地）・

衢地（四通八達の中心地）・重地（重要な土地）・圮地（足場悪くて軍を進めにくい土地）・囲地（囲まれた土地）・死地（死すべき土地）の九つに分けられる。

敵に侵入され自国の領内で戦うのを散地という。敵国に侵入していても、まだ深く侵入していないところを軽地という。自軍が占領すれば味方に有利となり、敵が占領すれば敵に有利となるのを争地という。自軍も行こうと思えば行けるし、敵軍も来ようと思えば来れるのを交地という。各諸侯の国が隣接していて、そこに先着すれば、周辺の諸侯の助けを得て多くの人々から助力が得られるのを衢地という。敵国に深く侵入し、背後に敵の城邑が数多くあるのを重地という。山林や険しい地形や沼沢地など、進軍するのが難しいのを圮地という。入る道が狭く、引き返す道が曲がりくねって遠く、敵が少数であってもこちらの大軍を攻撃できるのを囲地という。迅速かつ必死に戦えば生き残れるが、必死に戦わなければ全滅するのを死地という。

だから、散地では戦ってはならず、軽地では軍を留めてはならず、争地では先にそこを占領できなければ攻撃してはならず、交地では軍を分断されてはならず、衢地ならば諸侯と親交を結び、重地では敵の食糧・物資などを略奪し、圮地では速やかに通過し、囲地では脱出のために智謀をめぐらし、死地では必死に戦うべきである。

兵士の心理に応じた戦い方

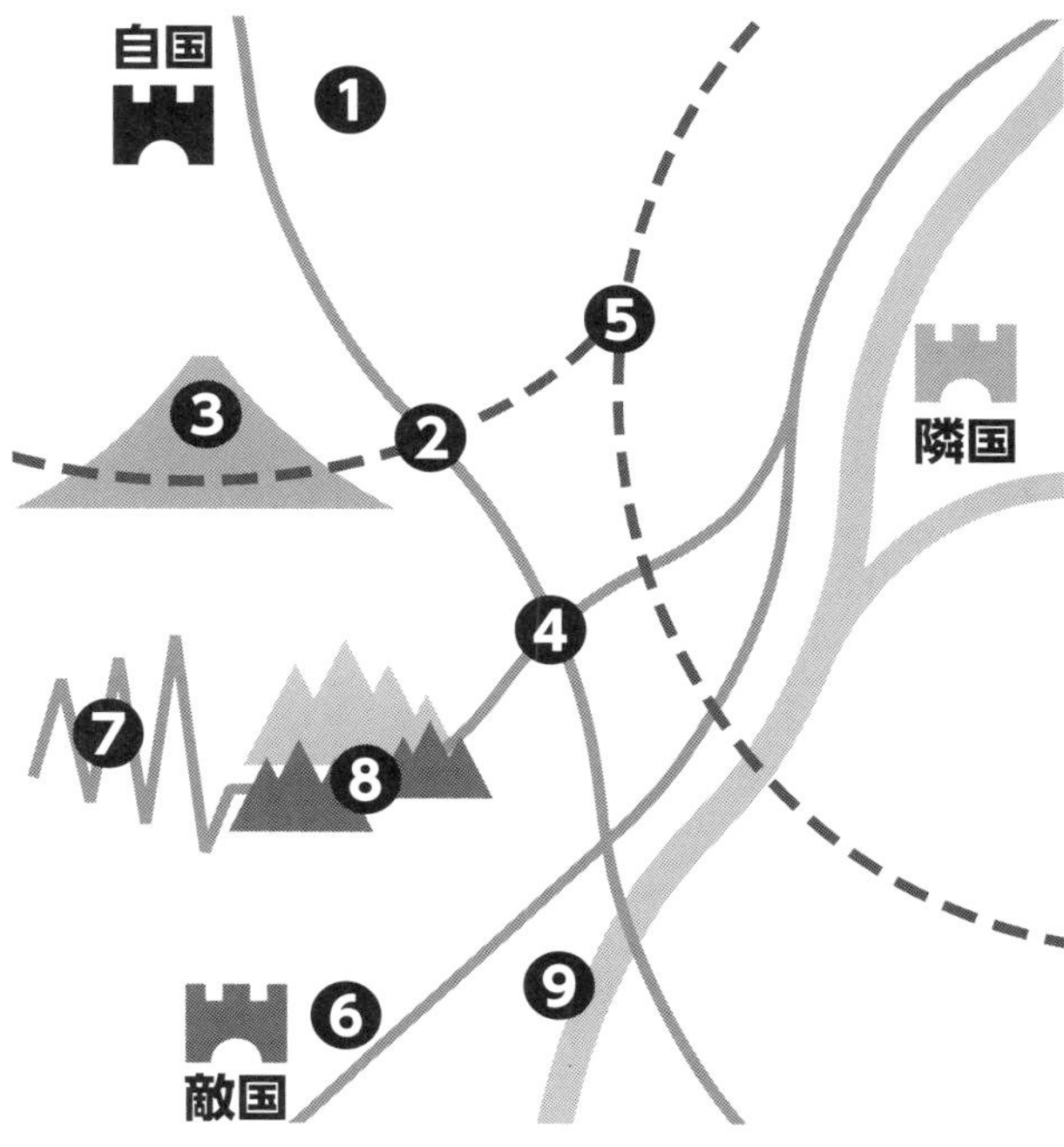

❶ 散地	自国の領地・兵士の戦意が散漫	戦ってはいけない
❷ 軽地	敵国に少し入ったところ・戦意気迫	止まってはいけない
❸ 争地	戦術上有利なところ	先に占拠されたら捨てる
❹ 交地	敵も味方も戦いやすいところ	軍の分断に気をつける
❺ 衢地	諸国に隣接するところ	諸侯と親交を結ぶ
❻ 重地	敵国深く侵入したところ・重苦しい	速やかに通過する
❼ 圮地	行軍に困難なところ・奇襲に弱い	速やかに通過する
❽ 囲地	少ない兵でも大軍を攻撃可能なところ	脱出をはかる
❾ 死地	絶体絶命のところ	速やかに、必死に戦う

九地とは九種類の戦場の地形である。ここで孫子は九地の特徴をつかみ、それに応じた戦い方を教える。また、それに合わせた人間（兵士）の心理をよく理解したうえでの孫子の教えは緻密と言える。

【解説】

孫子の言う散地は敵味方ともに戦いに適した土地のことである。つまりともに広く陣を敷いて智謀を尽くして戦える場所と言える。

日本史で散地の戦いと言えるのが、一六〇〇年の「関ヶ原の戦い」に尽きる。関ヶ原の「関」とは律令時代につくられた不破の関にちなむ。当時の勢力圏の境界だった。不破の関とはいうものの、通行を管理するのではなく、軍隊も駐留できる軍事施設で砦のイメージが強い。

その不破の関にほど近い盆地に関ヶ原は広がっており、ここで豊臣秀吉後の覇権を争う決戦がおこなわれた。毛利輝元・石田三成が率いる西軍と徳川家康が率いる西軍の兵力はほぼ互角。ただ関東から会津に向かうと見せかけて、西に兵を進めた東軍に疲労はあった。しかも西軍の布陣は相手を追い込む鶴翼の陣であり、明らかに西軍が有利に見えた。しかし、小早川秀秋の裏切りにより、西軍は一気に瓦解してしまう。午前一〇時ごろに始まり、正午過ぎには大勢は定まっていたと当時の資料は伝えている。

家康の策が、地形と陣形の優位を上回ったのである。

コラム +1

ピグマリオン効果とゴーレム効果

『孫子』には「善く兵を用うる者は、譬えば率然のごとし」という言葉がある。「優れた将に指揮される兵士は卒然のような働きをする」という意味だ。

卒然というのは、常山に棲んでいるという蛇のことで、尾を切ろうとすると頭をもたげて反撃し、腹を撃つと頭と尾が同時に反撃してくるという。つまり、「卒然のような働き」とは、この蛇のように全員が目標に向かって連携できるようになることを指すというわけだ。

ではこのような組織をつくるため、一体どのように部下を指導すればよいのだろうか。

心理学の用語に「ピグマリオン効果」というものがある。他者からの期待を受けることで学習や仕事などで成果を出すことができる効果のことだ。口に出して褒める、失敗があっても否定ではなく前向きな言葉をかける、裁量を与えるなど、「自分は期待をかけられている」と感じさせることで部下は自主的に行動するようになるという。　ピグマリオン効果とは逆の作用として、「ゴーレム効果」というものもある。良きリーダーとして上手く「ピグマリオン効果」を利用してもらいたいものだ。

02

敵を分断して自軍に有利に導く

所謂(いわゆる)古の善く兵を用うる者は、能く敵人をして前後相い及ばず、衆寡相い恃(たの)まず、貴賤相い救わず、上下相い扶(たす)けず、卒離れて集まらず、兵合(がっ)して斉(ととの)わざらしむ。利に合えば而(すなわ)ち動き、利に合わざれば而ち止まる。

【大意】

昔から戦争の上手な人は、敵の軍隊が前後で互いに連絡できないように仕向け、大部隊と小部隊が互いに助け合えないように仕向け、将と兵卒が互いに救い合えないようにさせ、位の上下の者が互いに寄り合えないようにさせ、兵士たちが離散して集合でき

敵の軍隊を攪乱する

味方の不利な状況

- 前後の部隊の連絡が密
- 部隊同士の協力
- 将兵たちの助け合い
- 上下の者の協力
- 兵士たちの結束

味方が有利な状況

- 前後の部隊の連絡ができない
- 部隊同士を助け合えない
- 将兵たちが助け合えない
- 上下の者が寄り合えない
- 兵士たちの離散

ず、集合してもまとまらないように仕向けた。このように自軍にとって有利な状況であれば行動し、不利であれば軍を動かさず、別の機会を待つのである。

【解説】

『孫子』の著者のひとりと言われる孫武は春秋時代の人物で、呉に仕えた。呉は揚子江下流を支配していた強国だった。

春秋時代とは、周王朝の勢力と権威が凋落し、有力な諸侯が封地を独自に支配していった。その数は二〇〇を超える。彼らは、自国の存続、繁栄、他国の征服を繰り返していた。戦争を繰り返しても国力は疲弊するばかりだ。そういう状況もあいまって、孫子は時機を待つ重要性を説くのである。血を流さずに勝利することが何よりも理想としていた。

03

優位に立つには敵の弱点を見つけて攻める

敢えて問う、敵衆整にして将に来たらんとす。これを待つこと若何。曰わく、先ず其の愛する所を奪わば、則ち聴かん。兵の情は速を主とす。人の及ばざるに乗じ、不虞の道に由り、其の戒めざる所を攻むるなりと。

【大意】

敢えてお尋ねするが、敵が秩序をもって大群で攻めてこようとする場合は、どのように備えたらよいか。答えて言おう。敵に先んじて、敵が大切にしているものを奪えば、敵は思うがままになるだろう。戦争においては迅速な行動が最重要で、敵の配置が終

敵が大軍でも戦える

整然と攻めてくる軍隊を破るには……

敵が大切にしているところを奪う

迅速に、敵の予想できない道を通り
敵の警戒していないところを攻撃する

わらないうちに、敵の予想できない方法で、敵が警戒していないところを攻撃するのである。

解説

フランス革命後の一九世紀初頭に台頭したナポレオン・ボナパルトは世界史でまれにみる戦争の巧者だが、彼が好んだ先方は迅速な「電撃戦」だった。

フランス革命後、フランスを包囲する欧州諸国と対峙して、外交と戦争によってヨーロッパの大半を支配したのである。カスティリオーネの戦いではオーストリア軍の半分の兵力だったが、敵布陣の弱点を見抜き、素早くそこを叩き勝利した。この戦いによって、ナポレオンはヨーロッパ諸国から注目されることになったのだ。

04

自軍を敵地深くに入り士気を極限に高める

凡そ客と為る道、深く入れば則ち専らにして主人克たず。饒野に掠むれば三軍も食に足る。謹め養いて労すること勿く、気を併わせ力を積み、兵を運らして計謀し、測るべからざるを為し、しなる後にこれを往く所なきに投ずれば、死すとも且つ北げず、死焉くんぞ得ざらん、士人力を尽くす。兵士は甚だしく陥れば則ち懼れず、往く所無ければ則ち固く、深く入れば則ち拘し、已むを得ざれば則ち闘う。是の故に其の兵、修めずして戒め、求めずして得、約せずして親しみ、令せずして信なり。祥を禁じ疑いを去らば、死に至るまで之(ゆ)く所なし。吾が士に余財無きも、貨を悪むに非ざるなり。余命なきも寿を悪むに非ざるなり。令の発するの日、士卒の坐する者は涕襟(なみだえり)を霑(うるお)し、偃臥(えんが)する者は涕頤(あご)に交(まじ)わる。これを往く所なきに投ずれば、諸(しょ)・劌(かい)の勇なり。

【大意】

およそ敵国で戦う場合には、敵国の領内深くまで攻め込めば、自軍は結束し、敵軍は散地となり対抗できない。物資の豊かな地方を奪えば自軍の食糧も十分確保できる。自軍の兵士の体力を保ち疲労させないようにし、士気を高め戦力を蓄え、軍を動かして策謀し、その態勢を敵に察知させないようにして、そうしておいて自軍を戦うしかない状況にすれば兵士は決して敗走はしない。決死の覚悟を得られないことがあるはずがない。士卒はともに死力を尽くして戦うようになるのだ。

兵士は極めて危険な状況に置かれると、もはや危険を恐れず、行き場のない状況に置かれると強い覚悟で戦うようになり、敵国に深くに入り込んだ時には団結し、戦うべき時に必死に戦う。こうなると、軍隊は将軍が指導しなくても規律を守り、求めなくても力戦し、拘束しなくてもお互い助け合い、命令しなくても任務に忠実である。軍隊の中でありがちな、怪しげな占いや迷信を禁じて、余計な疑いが広まらないようにすれば、兵は乱れることがない。自軍の兵士たちに余分な財貨を持たせないのは、物資を嫌っているからではなく、残った命を投げ出すのは、長生きすることを嫌っているからではなく、仕方なく決戦するからだ。

決戦の命令が発せられた日には、兵士は悲憤慷慨して、座っている者は涙で襟を濡らし、横に臥せっている者は涙で顔を濡らすが、このような兵士たちをほかに行き場がない状況に入れれば、皆があの有名な専諸、曹劌(そうかい)のように勇敢になるのである。

【解説】 孫子はここで、敵国に攻め込んだ時の戦い方、軍隊のあり方を詳しく説いている。全員が危機感を持つことが、一致団結して、死を恐れず、全力で戦う秘訣であることを教える。そのためにも、敵国の奥深くに攻め込み、戦って勝つ以外にないと説く。

なお、宮本武蔵の「神仏を尊んで、神仏をたのまず」(神や仏を尊敬しあがめるけれど、戦いにおいては神だのみをしてはいけない)という名言も、この孫子の教えに通じるものがある。

敵地で戦う(1)

敵国に深く入って戦う

敵にとっては「散地」……敵の戦意は弱い
味方にとっては「重地」……食料や物資を奪う

味方の行動を敵にわからないようにする

兵士の体力を温存する

軍中での占いや迷信を禁止

余計な財貨を持ち歩かせない

ここで死ぬことを覚悟させる

戦うしかない状況に軍を投入

将軍が教え導かなくても規律がよく守られる
求められなくても力戦する
拘束しなくてもお互い助け合う
命令しなくても任務に忠実になる

05

窮地に陥れば仇敵同士も一致団結できる

故に善く兵を用うる者は、譬えば卒然の如し。卒然とは、常山の蛇なり。その首を撃てば則ち尾至り、その尾を撃てば則ち首至り、その中を撃てば則ち首尾倶に至る。

敢えて問う、兵は卒然の如くならしむべきか。曰く可なり。夫れ呉人と越人と相悪むや、其の舟を同じくして済りて風に遇うに当たりては、其の相い救うや左右の手の如し。是の故に馬を方ぎて輪を埋むるとも、未だ恃むに足らざるなり。勇を斉えて一の若くするは、政の道なり。剛柔皆な得るは、地

の理なり。故に善く兵を用うる者、手を携うるが若くにして一なるは、人をして已むを得ざらしむるなり。

【大意】

戦争の巧みな者は、例えるならば〝率然〟のようなものである。率然とは、常山にいる蛇のことである。その頭を撃つと尾が助けに来る。その尾を撃つと頭が助けに来る。その腹を撃つと頭と尾が一緒に助けに来る。

「敢えてお尋ねするが、軍隊を率然のようにすることができるか」と問われれば、「できる」と答える。そもそも呉の人と越の人はお互いに憎しみ合う仲だが、同じ舟に乗り合わせて川を渡っている時に、突然嵐に見まわれた場合、どれだけ仲が悪くても左手と右手の関係のようにお互いに助け合うものだ。率然のようになるには、こうした危機を共有するという条件が必要である。このように馬をつなぎ留め、車輪を土に埋めて備えを固めても、頼りになるものでは決してない。軍隊を構成する勇者も怯者もともに勇敢に戦わせるためには、将軍による号令や命令などの発し方が重要である。剛健な者も脆弱な者も同じように十分な戦いをするのは、地

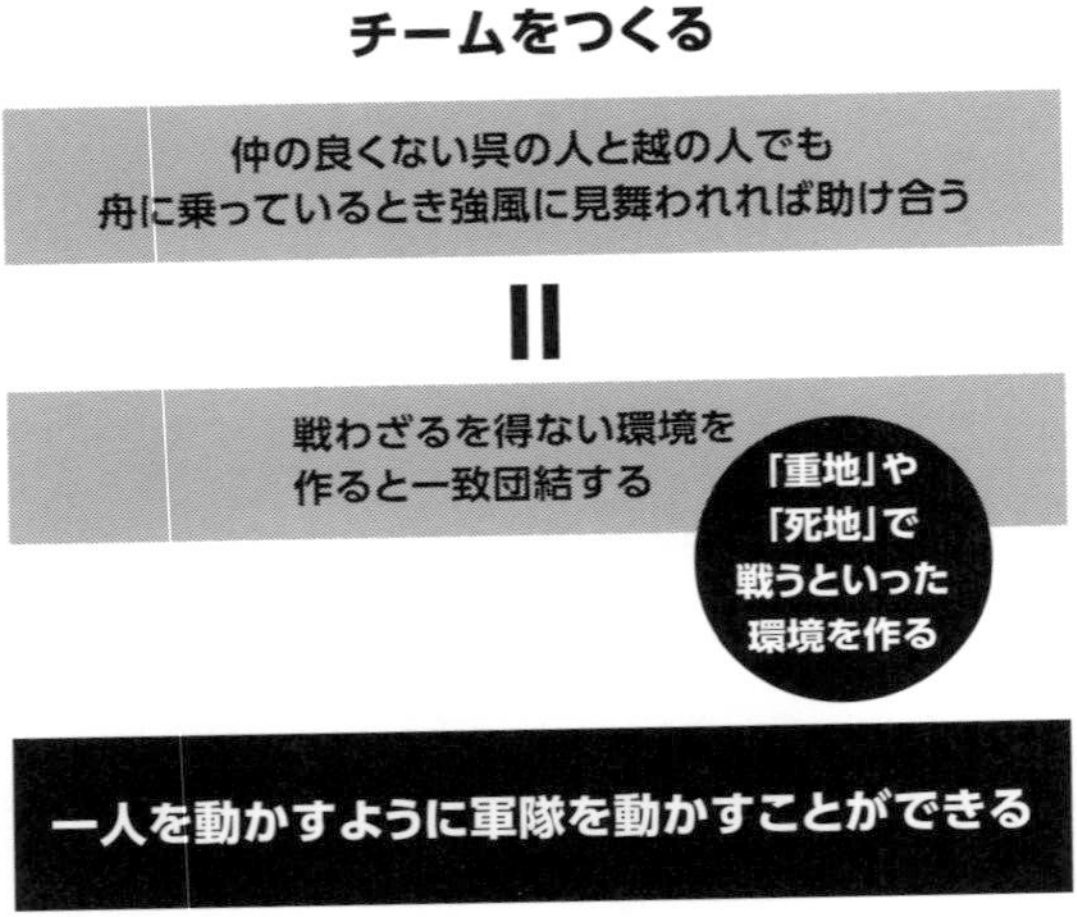

チームをつくる

仲の良くない呉の人と越の人でも
舟に乗っているとき強風に見舞われれば助け合う

＝

戦わざるを得ない環境を
作ると一致団結する

「重地」や
「死地」で
戦うといった
環境を作る

一人を動かすように軍隊を動かすことができる

形の道理によることである。だから、戦争の巧みな者が、まるで手をつないでいるように、一体として、つまり率然のように、動かせるのは、兵たちを、兵たちが戦う以外にどうしようもない状況をつくるからである

【解説】 日本でも有名な「呉越同舟」という言葉は、この孫子の教えからの引用である。

現在の日本では、仲の悪い者同士が共にいるという意味に使われている。もともとは、たとえ仲が悪い者同士でも、助け合わざるを得ない状況になれば助け合うようになるという、リーダーに向けた組織指導法の教訓なのである。

呉越同舟は故事成語だが、まさに同じような出来事が中国史をひも解くと現れる。それが二度にわたる国共合作である。ここでは二度目の国共合作のキーパーソンとなった張学良を紹介しよう。

一九三一年の満州事変によって日本軍の中国侵略が激しくなったが、張は国民党の指示により共産党との戦いを優先していた。しかし、共産党と戦いながら中国人同士で血を流すことに疑問を感じ、中国共産党が掲げる抗日民族統一戦線に共鳴していった。張学良は西安に視察に来ていた蒋介石を拉致監禁し、国共合作を求めたのである。蒋自身は共産党との戦いを続けたかったが、共産党の周恩来、蒋夫人の宋慶齢、彼女の兄で国民党に影響力を持つ宋子文の強い要請があった。これを西安事件と言う。

国共合作にあたり、共産党への攻撃を止め、共産党の軍は蒋介石の指揮下に入り、一致して抗日戦線を張ることが同意された。

日本の敗戦後ほどなく、両者による内戦が再び始まった。共産党はソ連とモンゴルの支援を受けたが、一方国民党は日本軍との戦いで前面に立ち、戦力を消耗していた。しかも、終戦にともないアメリカからの援助がなくなってしまい、敗色濃厚となり、一九四九年に台湾に逃れた。

国共合作は共通の敵を倒したが、敵が去った後に勝利したのは力を蓄えた共産党だった。

06

士卒に作戦内容を明らかにしてはいけない

将軍の事は、静かにして以て幽く、正しくして以て治まる。能く士卒の耳目を愚にして、これをして知ること無からしむ。其の事を易え、その謀を革め、人をして識ること無からしむ。其の居を易え其の途を迂にし、人をして慮ることを得ざらしむ。帥いてこれと期すれば、高きに登りて其の梯を去るが如し。深く諸侯の地に入りて其の機を発すればし、群羊を駆るが若し。駆られて往き、駆られて来たるも、之く所を知る莫し。三軍の衆を聚めてこれを険に投ずるは、此れ将軍の事なり。九地の変、屈伸の利、人情

の理は、察せざるべからざるなり。

【大意】

将軍の仕事とは、心を静かにし正大で常に公正であることだ。軍の計画を伝えないように兵士の耳と目を使えないようにする。上官同士の連絡方法もやり方を何度も変え、計画を改めて兵にわからないようにし、駐屯地を変え、故意に行路を遠回りしたり、兵に推察されないようにする。軍を率いて任務を与えるときは、高いところに登らせてから、そのはしごを外してしまうように（戻りたくても戻れず、他へ行けないように）する。自軍を率いて敵国の土地に深く侵入して決戦を行うときは、羊の群れを追いやるように（兵士たちが従順に命令に従うように）するべきだ。追いやられてあちこちを移動するが、どこに向かっているのかは誰にもわからない。このようにして全軍の兵士を集めて、決死の覚悟を持たざるを得ない危険なところに投入する。これが将軍たる者の仕事なのである。九地（九つの地形）の変化、状況に応じての軍の進撃、退却することの利害、人間の心理の把握など、将軍はよく考察しておかなくてはならない。

【解説】

リーダーたる者には、組織の目的・目標については明確に指示するが、そこに至るまでの方法や道順については兵士たちに読めないようにしておくことが求められる。知ることで怯えたり、戦意を喪失したり、情報が漏れたりする危険もあるからだ。一番恐いのはスパイなどによってこちらの動きを見抜かれることだ。

そして、疑いも恐れも持たずに牧童に導かれる羊の群のように兵士を動かして、決戦の場で力を爆発させることが理想である。兵士たちは、いきなり敵地の奥深く決戦の場に投入され、ここで死にもの狂いで戦うしかないと覚悟する。散地で戦わざるを得ない敵兵は、その気迫と気勢に圧倒され、ついに敗退する。

人間は窮地に追い込まれると普段以上の力を発揮するものだ。

織田信長が朝倉を攻めた後、南近江の抑えとして長光寺城に入っていた柴田勝家は、朝倉家と盟を結んだ六角義賢(よしかた)と戦になった。この時、勝家率いる織田軍は六角軍に包囲され、水源を絶たれていた。外からの援助は期待できず、備蓄の水は減るばかりだったが、六角軍との戦の前、勝家は兵に水を好きなだけふるまい、残った水の入っている甕を叩き割ってしまう。それにより兵の士気は一気に上がり、多勢の六角軍を打ち破ったのである。

これの由来により勝家は「瓶割り柴田」の二つ名を持つようになったという。

将軍の仕事(1)

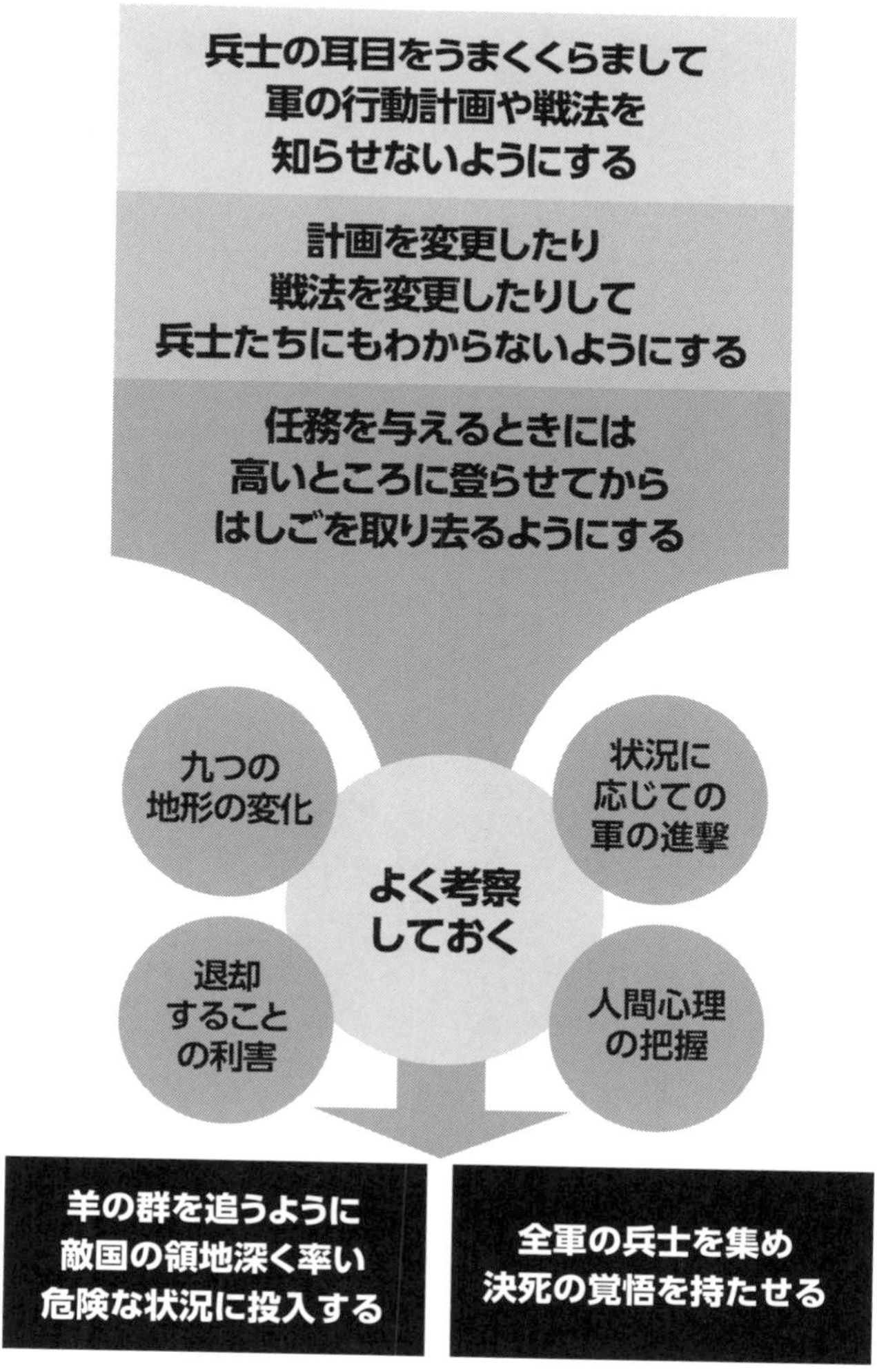

兵士の耳目をうまくくらまして
軍の行動計画や戦法を
知らせないようにする

計画を変更したり
戦法を変更したりして
兵士たちにもわからないようにする

任務を与えるときには
高いところに登らせてから
はしごを取り去るようにする

九つの
地形の変化

状況に
応じての
軍の進撃

よく考察
しておく

退却
することと
の利害

人間心理
の把握

羊の群を追うように
敵国の領地深く率い
危険な状況に投入する

全軍の兵士を集め
決死の覚悟を持たせる

07

敵国に進撃するときは深くまで兵を進める

凡そ客たるの道は、深ければ則ち専らに、浅ければ則ち散ず。国を去り境を越えて師ある者は絶地なり。四達する者は衢地なり。入ること深き者は重地なり。入ること浅き者は軽地なり。背は固にして前は隘なる者は囲地なり。往く所なき者は死地なり。

是の故に散地には吾の将に其の志を一にせんとす。軽地には吾れ将にこれをして属かしめんとす。争地には吾れ将にその後に趨さんとす。交地には吾れ将にその守りを謹まんとす。衢地には吾れ将にその結びを固くせんとす。

重地には吾れ将にその食を継がんとす。圮地には吾れ将にその塗を進まんとす。囲地には吾れ将にその闕を塞がんとす。死地には吾れ将にこれに示すに活きざるを以てせんとす。故に兵の情は、囲まるれば則ち禦ぎ、已むを得ざれば則ち闘い、過ぐれば則ち従う。

【大意】

敵国に進軍した兵士たちは、領内深くに入り込めば危機に一致団結するが、侵入が浅ければ危機で離散してしまうものである。自国を離れ国境を越えて敵国に進軍した所は絶地である。絶地の中で、四方に通じる所は衢地であり、敵国に深く進軍した所は重地であり、敵地に浅く入った地は軽地であり、背後が険しく前方が狭い地は囲地であり、どこにも逃げ場のない地は死地である。

だから、散地では兵が離散しやすいため、私は心を一つにしようとする。軽地では、私は軍隊がバラバラにならないように連続させようとする。争地では、先に到着するのが有利なので、私は遅れている軍を急がせる。交地では、道が通じて開けている所なので、私は守備を念入りに強化する。衢地では、外国諸侯たちの中心地であるから、私は隣国の諸侯との同盟を固めようとする。重地では、敵国の奥深くなので、私は軍の食糧補給を絶やさないようにする。圮地では、行動が困難であるから、私は素早く軍を通過させようとする。囲地では、退路が開けられているので、戦意を強くするために、私は退路を塞ごうとする。死地では、懸命に戦わなければ滅亡するので、私は兵に死を覚悟させて戦わせるようにする。だから兵の心理としては、敵に包囲されたなら、命じられなくても敵に立ち向い、戦わざるをえない状況になれば、必死に闘い、あまりにも危険な状況になれば、従順になるのである。

【解説】 戦いを仕掛けたのならば中途半端ではいけない。一気に敵の奥深いところを目指し、急所を撃ち、勝ちに行くべきである。

将軍は、兵士が必死に闘わざるを得ない状況に持っていくようにしなくてはいけない。中途半端な戦いは、長期戦ともなったり、味方の兵士の心を動揺させてしまう。

孫子の兵法の特徴は、徹底した合理主義思考に人間心理、集団心理の深い考察を加味し、地形や場所に合わせた戦い方を教えるものである。

将軍の仕事(2)

① 散地	自国の領地 兵士の戦意が散漫	遅れて出発したとしても敵より先に到着するようにする
② 軽地	敵国に少し入ったところ・戦意希薄	軍隊相互を離れないようにする
③ 争地	戦術上有利なところ	遅れて出発したとしても敵より先に到着するようにする
④ 交地	敵も味方も戦いやすいところ	守備を念入りに強化する
⑤ 衢地	諸国に隣接するところ	隣国諸侯との同盟関係を固める
⑥ 重地	敵国深く侵入したところ・重苦しい心	食糧補給を絶やさないようにする
⑦ 圮地	行軍に困難なところ 奇襲に弱い	速やかに軍を通過させる
⑧ 囲地	少ない兵でも大軍を攻撃可能なところ	逃げ道を塞ぎ士気を高め兵を戦わせる
⑨ 死地	絶対絶命のところ	兵士に死を覚悟させ戦わせる

08

覇王の軍隊は強さと存在感で勝利する

是の故に諸侯の謀を知らざる者は、預め交わること能わず。山林・険阻・沮沢の形を知らざる者は、軍を行ること能わず。郷導を用いざる者は、地の利を得ること能わず。この三者、一を知らざれば、覇王の兵に非ざるなるなり。

夫れ覇王の兵、大国を伐つときは則ちその衆、聚まることを得ず、威、敵に加わるときは則ちその交合することを得ず。是の故に天下の交を争わず、天下の権を養わず、己の私を信べて、威は敵に加わり、故に其の城は抜くべく、其の国は堕るべし。

無法の賞を施し、無政の令を懸くれば、三軍の衆を犯うること一人を使うが若し。これを犯うるに事を以てし、告ぐるに言を以てすること勿かれ。これを犯うるに利を以てし、告ぐるに害を以てすること勿かれ。これを亡地に投じて然る後に存し、これを死地に陥れて然る後に生く。夫れ衆は害に陥りて然る後に能く勝敗を為す。

【大意】

諸侯の謀略を知らないのでは、前もって親交や同盟を結ぶことはできない。山林や険しい地形や湿地帯のことがわからないのでは軍隊を進めることはできず、その土地の道案内を使えないのでは地形の利益を得ることはできない。この三つのうち一つでも知らないのでは、覇王の軍隊になることはできない。

そもそも覇王の軍隊は、大国を攻撃すればその大国の軍隊は離散してしまい、集まることもできない。もし覇王の軍の勢いが敵国を蔽ってしまえば、敵国は孤立し、他国と同盟することはできない。したがって、天下の国々と親交し同盟を結ぼうとはせず、また天下の権力を無理に自分の身に集めようとしなくても、自分の思い通りにやれば勢いが敵国を蔽っていくものだ。なので敵の城も落とすことができ、敵の国も滅ぼすことができるのである。

法外に厚い褒賞を施したり、通常の定めとは違う非常措置の禁令を掲げるなら、全軍の大部隊を動かすのも、たった一人を動かすのも同じようなものだ。軍隊を動かすにあたっては、ただ有利なことだけを伝え、その害になることを伝えてはならない。兵の誰にも知られずにその軍が全滅するような状況に投げ入れてこそはじめて全滅から免れ、死から逃れがたい状況に陥れてこそ、はじめて生き延びることができる。そもそも兵たちは、そうした危険な状況に陥って、はじめて奮戦し、勝敗を自分たちで決することができるのである。

【解説】

覇王の軍、すなわち天下無敵の軍はまず、すべてのことを知っていなくてはいけない。接する国々の状況や腹のうち、そして地形、さらにはそれに応じた戦い方である。すると堂々の戦い方もできることになる。逆にいうと、孫子の教える戦い方をすべて知

覇王の軍隊

覇王の軍隊となる条件

**孫子の兵法をすべて身につける
特に以下の3つ**

- **諸侯の腹のうちを知る** → 親交や同盟を結べる
- **地形を知る** → 軍隊を進められる
- **土地の道案内を使う** → 地形の利益を得られる

**厚い褒賞・非常措置の命令
軍隊を動かすときには任務のみを言う
利益をもって動かし、害になることは告げない**

敵や諸侯には……
威圧が加わる
↓
敵の軍隊は集まることもできない
敵は孤立し他国と同盟を結ぶこともできない

軍に対しては……
全軍の兵士を自由自在にできる
↓
**城が落とせる
国が取れる**

れば覇王の軍となれるのである。

洋の東西を問わず「覇王」と呼ばれた人物は多い。すぐに名前が浮かぶのは、アレキサンドロス大王、チンギス・ハン、そしてナポレオンと言ったところだろう。彼らの強さは、その領土拡大への大きな野心とそれを可能にする「武器」がそれぞれ存在した。

アレクサンドロス大王は、父フィリッポス2世から受け継いだファランクス戦法でギリシアの覇権を確立し、アケメネス朝ペルシアを滅ぼした。そしてインドまで版図を広げるが、そこで引き返してしまう。戦続きの日々に兵たちが反乱を起こしたと言われている。

チンギス・ハンは抗争の絶えなかったモンゴル民族を統一し、東は中国から西はヨーロッパまで支配し、まさに世界帝国を作り上げた。その強さは、機動力に優れ組織化された騎馬中心の軍隊にあった。速さで成果を席巻したのだ。

ナポレオンの強さは、革命の産物といえる。フランス革命でそれまでの戦争を仕切っていた貴族たちが国外に逃げたのだ。そしてフランス国民による軍を組織したのだ。自国を守る気持ちの強さではどの国の軍隊にも負けなかったのである。

歴史上の「覇王」と呼んでもよい彼らもその志は半ばで途絶えた。歴史はときに苦いものである。

コラム +1

中華で受け入れられたもう一つの思想――道教

道教は混とんを基盤に考える。すべては安定せずに変化していくという考えである。その祖は老子で、その混とんを「道」と名付けた。これはあらゆるモノ（万物）がつくられる以前から存在していたとしている。遥か過去から遥か未来にまで存在する混沌が「道」なのである。

道は、見たり触れたりすることができない。言葉で表現することもできない。存在するか感知できないモノを老子は「無名」と名付けた。つまり、道は無名とも考えられる。そして万物は道から生まれ、変化し、道に戻るというのだ。

道徳や文化など人間が作った価値も、そこに含まれ、常に変化し、道に戻る、つまり無になるのである。絶えず変化して、いつかは消える文化や道徳という価値観にとらわれていては、幸せにはなれない。道に従って生きるのか賢明だと老子は説くのである。

日本において道教の影響はあまり大きくないと思われるが、実は鏡開きや七夕、お中元など、道教に端を発する行事は数多くあるように、日本人の生活に根付いているのである。

09

敵の意図を掴み隙を突いて確実に勝利する

故に兵を為すの事は、敵の意を順詳するに在り、敵を幷せて一向し、千里にして将を殺す。此れを巧みに能く事を成す者と謂う。

是の故に政の挙なわるるの日、関を夷め符を折りて、その使を通ずること無く、廊廟の上に厲しくして、以て其の事を誅む。敵人開闔すれば必ず亟かにこれに入る。其の愛する所を先にして、微かにこれと期し、践墨して敵に随いて以て戦事を決す。是の故に始めは処女の如くにして、敵人、戸を開き、後には脱兎の如くにして、敵拒ぐに及ばず。

敵が防げない攻撃の仕方

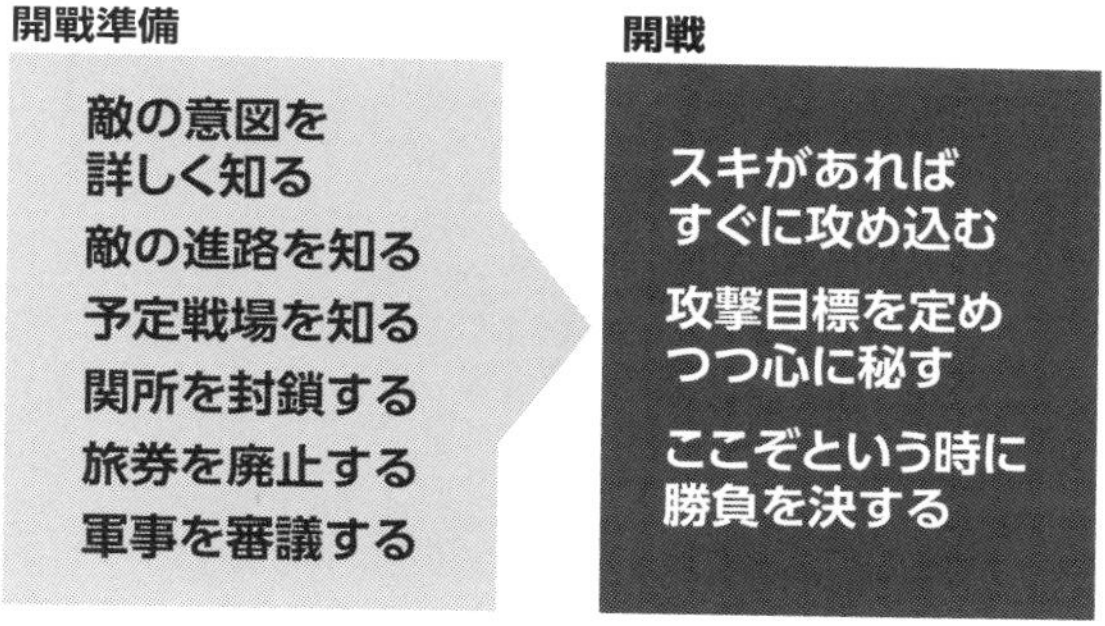

開戦準備

敵の意図を詳しく知る
敵の進路を知る
予定戦場を知る
関所を封鎖する
旅券を廃止する
軍事を審議する

開戦

スキがあればすぐに攻め込む
攻撃目標を定めつつ心に秘す
ここぞという時に勝負を決する

始めは処女のようにふるまい後に脱兎のごとく攻撃する

【大意】

戦争を行う上で重要なことは、敵の意図を詳しく把握することである。敵の意図を十分に理解した上で進軍し、自国から千里も先の遠方で敵の将軍を討ち取る。これが巧みに戦争を成し遂げるということである。

このように、開戦となれば敵国との関所を封鎖し、旅券を廃止し、国の使節の往来を止め（情報漏れを防ぎ）、朝廷で厳粛に軍事を審議する。敵に隙が見えればすぐに攻め入り、敵の重要な土地を第一の攻撃目標としつつも、それは密かに心の中で決めておき、敵の状況に応じて動きながら、ここぞという時に一戦を挑み勝負を決するのである。このように、始めは処女のようにおとなしくふるまい、後に脱兎のごとく攻撃すると、敵はそれを防ぎきれるものではない。

【解説】

歴史を彩る相手の虚を突いた戦いはいくつもあるが、最も有名なものはハンニバルのアルプス越えと言えるだろう。

第一次ポエニ戦争に敗れたカルタゴは、ローマへ支払う年賦を比較的余裕をもって支払っていた。それだけカルタゴは豊かだったのだ。しかし、地中海の覇権を再び狙いたいカルタゴはハンニバルを将軍として前二一八年、第二次ポエニ戦争の口火を切った。

イタリア半島を攻撃したかったハンニバルだが、制海権はローマが握っているため海上から攻め込むことは難しい。それにイタリア半島の西部と南部の守備をローマは固めていた。そこでハンニバルは防御の薄いイタリア北部から侵入する計画を立てたのである。

イベリア半島西部に軍を集めて、ピレネー山脈を越え、ローヌ川を渡り、そしてアルプスに到達した。しかし、アルプスに雪が降りはじめていた。作戦を開始して五カ月以上かけて、ハンニバルはようやくイタリアに侵入したのである。イタリア半島に攻め入り、各地でローマ軍を打ち破り、特にカンネーの戦いでローマに完勝し、ローマを恐怖に陥れたのである。

これでカルタゴは勢いに乗るかと思われたが、ローマはハンニバル軍とカルタゴの補給線を分断し、ハンニバルを孤立させ、反撃を開始するのである。

コラム +1

儒教と道教の対立

同じ時期に発展した儒教と道教は対立した存在だった。

「大道廃れて仁義あり。知恵いでて大偽あり。六親和せずして孝慈あり。国家昏乱して忠臣あり」と、老子は孔子の儒家思想を批判している。

「親孝行とか忠臣とかいうものは、身内の仲違いや国政の乱れがあるからこそ言われることである。本来あるべき「大道」が失われたからこそ、儒家思想で強調される「仁義」が必要になる」と儒教の形式主義を否定し、道教の優位を説いた。

儒教が説く仁や礼は、世の中が乱れているから必要となるのであって、仁や礼を必要としない社会をつくり、人間本来の生き方に立ち返るべきというのが道教の考えである。この人間本来の生き方というのが、「道」なのである。ものごとの本来の在り方、つまり自然に従うことである。これを「無為自然」という。その生き方は「上善如水」つまり水のように争うことなく恵みをもたらすありさまであり、「柔弱謙下」つまり争いごとをせずにへりくだる、自然界を重視したものである。

第12章　火攻篇

火攻めと戦後の対応

火攻めは有効な攻撃方法だが、敵への物理的な被害のみならず、敵に恐怖心を与える効果を考えて実行しなければならない

the ART of WAR

by Sun Tzu

01

火攻めの種類と実行する条件を理解する

孫子曰わく、凡そ火攻に五有り。一に曰く火人、二に曰く火積、三に曰く火輜、四に曰く火庫、五に曰く火隊。火を行うに必ず因有り、煙火は必ず素より具う。火を発するに時有り、火を起こすに日有り。時とは天の燥けるなり。日とは月の箕、壁、翼、軫に在るなり。凡そ此の四宿の者は風の起こる日なり。

火攻めの方法（五火）

条件がそろっていること
道具や材料は
いつも準備しておく
適当な日時がある

【大意】

孫子は言う。火攻めには五種類ある。第一は火人、敵の兵営に火を放って兵士を焼き討ちにすること、第二は火積、敵の食料・物資を貯蔵庫を焼き払うこと、第三は火輜、武器や軍装を積んだ敵の輜重（輸送中の荷車）を焼き払うこと、第四は火庫、敵の倉庫を焼き払うこと、第五は火隊、戦略上重要な橋など敵の要路に火をかけることである。火攻めを行うには、必ず条件があることを忘れてはならない。火攻めをするには、適した時があり、火攻めをするのに適した日がある。適した時とは乾燥した時のことである。適した日とは、月が天球上の箕、壁、翼、軫の部分に入る日のことである。およそ月がこの四宿に入った時が風の吹く日だからである。

孫子の兵法より前には火を武器にする記述はほとんどなかったが、孫子は火攻めを重要な戦法と考えた。以降、火攻めは戦争における重要な手段として利用されてきた。

【解説】

人類の歴史において最大の火攻めは東京大空襲、それに広島・長崎の原爆投下であろう。しかし、孫子は敵国の民衆を対象とした「火民」は考えていない。孫子の思想に合わないところであろう。それは「亡国は以て復た存すべからず、死者は復た生くべからず」と書いていることからもわかる。もし、当時の指導者が本土決戦という選択をしていたら、それはまさに「亡国」なっただろう。「火民」ともなれば、日本という国は地図の上から消えたかもしれない。

もし、本土決戦となったら……。その想像に肉付けをする事実が沖縄戦からうかがえる。沖縄県民の五〇パーセントとなる一二万二〇〇〇人が犠牲になった。それは陸海軍の戦死者七万九〇〇〇人をはるかに上回る。そして連合軍も二万人もの命が失われた。

日本軍の戦力は一一万で、連合軍は五五万と五倍の差があった。それを前にして、日本軍の指導者はなぜ戦う選択をしたのか疑問が残る。その傷跡は七〇年以上の時を経ても消えることはない。指導者の間違った選択は、多くの命を犠牲にしただけでなく、歴史に傷を残したのである。

コラム +1

老子と孫子の共通点

老子と孫子には共通点がいくつかある。

有名なところでは、「水」に理想を見出すという点だ。

老子は、その思想の根本概念として道を説くが、それを水に例える。水は形がなく、どんな姿にでも変化し、どんな場所にも形をあわせる。それでいて、万物を潤し成長させる。そのような水の姿に、老子は世界の理想を託したのだ。

孫子も、軍隊の理想の姿を水によって表現する。

敵に、こちらの実情をさらすのは最も危険な行為だ。姿を隠し、柔軟に変化していく。それでいて、一旦挙兵した後は巨大なエネルギーを発する。そのような軍隊の理想形が水に似ているというのだ。

その内容から老子の考えは、『孫子』に大きな影響を与えたことはわかっている。それだけではなく、法家の「韓非子」にも影響がみられる。現実主義の孫子と韓非子に影響を与えた老子から、「現実主義者は理想主義者でなければならない」という考えも読み取れるだろう。

02

五種類の火攻めを智恵で使いこなす

凡そ火攻は、必ず五火の変に因りてこれに応ず。火、内に発するときは、則ち早くこれに外に応ず。火、発して兵静かなる者は、待ちて攻むること勿く、其の火力を極め、従うべくしてこれに従い、従うべからずして止む。火、外より発すべくんば、内に待つこと無く、時を以てこれを発す。火、上風に発すれば、下風を攻むること無かれ。昼風は久しく、夜風は止む。凡そ軍は必ず五火の変あるを知り、数を以てこれを守る。

故に火を以て攻を佐くる者は明なり、水を以て攻を佐くる者は強なり。水は以て絶つべきも、以て奪うべからず。

大意

火攻めは、既に述べた五種類の火攻めで必ず行い、それに応じて兵の動かすものである。第一は自分たちの放った火が敵の陣内で燃え上がったら、すばやくそれに呼応して外から攻撃を仕掛ける。第二は火が上がっても敵が静まっている時は攻撃を止めて待機して決して攻めてはならず、火が強くなってから、敵の様子を見つつ機があれば攻め、機がなければ攻めるのを控える。第三は外から火をかけて攻められそうであれば、敵陣内からの放火を待つことなく、時を見はからって火を放つ。第四は火が風上から出たならば、風下から攻めてはならない。第五は昼間の風が長く続いたときは、夜は風向きが変わることが多いので火攻めはしない。このように火攻めには五種類あり、技術を用いて状況に適した火攻めによる攻撃を行うのである。

そこで、火を攻撃の頼りにするのは聡明な知見によるものだが、水を攻撃の頼りにするのは強大な兵力によるものだ。なにより、水攻めは敵を遮断することはできるが、物資を奪取することはできない。

孫子の言う、「火攻め」は知恵者の策であり、「水攻め」は強大な軍のパワーによって押し切るものである。

【解説】

「水攻め」を知恵で行い、敵の戦力を奪った例がある。

それが羽柴秀吉の備中高松城攻めである。土手を築いて川の水を溜め、城を水の中に孤立させてしまい兵糧攻めで落とすという作戦である。土手を築いていることを敵に悟られないようにまず塀を築き、その手前に、人夫たちに土のうを運ばせ、あっという間に土手を築いた。やがて雨が降り、高松城は水の中に浮かぶ孤島となった。こうして毛利側は和睦を申し出て多くの領地と高松城主清水宗活の命を差し出した。

この時に、明智光秀が〝火攻め〟で主君織田信長を本能寺で討ったのである。秀吉は光秀討伐の途上（中国大返し）でも食糧調達などで知恵を使い、兵を一気に走らせ明智光秀を討った。二万もの兵は七日間で二〇〇キロを走破したのである。

火攻めの時の兵の動かし方

スパイや内応者によって敵陣の中から燃え上がる

すばやく外から攻撃をする

火が上がっても静まっている

攻撃を止め、様子を見る

**火が強くなってから敵の様子を見て
攻めてよければ一気に攻め
様子がおかしければ攻撃を控える**

外から火をかけ攻撃できそう

**敵陣内からの火を待つことなく
時を見はからって火を放つ**

火が風上から燃え出した

風下から攻めてはいけない

昼間の風が長く続いたときは夜の風はやむことが多い

火攻めはしない

**敵を遮断し孤立させることができるが
敵の戦力を奪い取ることはできない**

03

優れた指導者は怒りで戦争を起さない

故に火を以て攻を佐くる者は明なり。水を以て攻を佐くる者は強なり。水は以て絶つべきも、以て奪うべからず。

夫れ戦勝攻取して、その功を修めざる者は凶なり、命(なず)けて費留(ひりょう)と曰(い)う。

故に、明主はこれを慮り、良将はこれを修む。利に非ざれば動かず、得るに非ざれば用いず、危うきに非ざれば戦わず。主は怒りを以て師を興すべからず、将は慍(いきどお)りを以て戦いを致すべからず。利に合えば而(すなわ)ち動き、利に合わざれば而ち止む。怒りは復(ま)た喜ぶべく、慍りは復た悦(よろこ)ぶべきも、亡国は復た

存すべからず、死者は復た生くべからず。故に明君はこれを慎み、良将はこれを警む。これ国を安んじ軍を全うするの道なり。

【大意】

そもそも戦争で勝ち、攻撃して奪い取っても、戦争を終結させずに、無駄に続けるのは不吉なことで、無駄な費用を使うことを費留と言うのである。故に賢明な主君は深く考え、優れた将軍も戦争を終わらせ軍を整える。有利でなければ軍を動かさず、危険が迫っていなければ戦わない。主君は怒りで軍を動かすべきではなく、将軍は憤りで戦をはじめてはいけない。国や軍にとって有利なら戦いを起こし、有利でなければ戦いを起こさない。怒りはいずれおさまって、また喜ぶようにもなれるし、憤りもいずれ静まって、また愉快になれるが、滅びた国は二度と建て直すことはできず、死んだ人間は再び生き返ることはない。故に賢明な主君は戦争には慎重であり、優れた将軍は戦争を戒める。これが国家を安泰にし、軍隊を保全する方法である。

戦うか否か

しかし
滅びた国は
元に戻らない

しかし
死んだ人間は
生き返らない

感情は一時的なもの
国や軍にとって有利でなければ
戦いは起こさない

国家は安泰

軍隊は保全される

【解説】

日中戦争や太平洋戦争は、原因を求めると国民の「怒り」であり、「憤り」であった。マスコミというのは、国民の怒りを誘導することで利をあげる。また、国民が怒る方向に導く評論家や文化人もいるから困ったものだった。こういう企業や個人のために国を失ってはいけない。尊い人命を失うなどもってのほかだ。国民の怒りを煽ったのは間違いなくマスコミである。

一九三一年の満州事変勃発によりマスコミ各社は現地に記者を送り、軍はその便宜を図ったのである。その関係が続くうちにマスコミは批評性を失い、軍に従属してしまうのだ。

「鬼畜米英を撃て」と連呼し続けた軍部とマスコミであったが、怒りに駆られて国民を破滅に導いた彼らは孫子の教えを忘れていたことがわかる。

コラム +1

逃げることも勇気

会社内での人間関係で、仕事をする中で、家族・友人との関係で、など…生活するうえではあらゆる「嫌なこと」がある。それらに逃げずに立ち向かうことはもちろん素晴らしい。しかし、耐えたり、頑張ったりすることだけが良いわけではないのも事実だ。

『孫子』では、「百戦百勝は、善の善なる者に非るなり。戦わずして人の兵を屈するは、善の善なる者なり（戦えば必ず勝つ、「百戦百勝」が最高に優れた戦い方ではない。最も良い方法は、敵兵と戦わずして屈伏させる戦い方である）」という言葉に代表されるように、「戦わずして勝つ」というのが基本的な考え方だ。相手の力と自分の力の差を見極め、勝てる見込みがないようであれば撤退を考えることは決して単なる「逃げ」ではないだろう。

逃げることで失望されてしまうのではなどと考える人もいるかもしれない。しかし、「逃げることも勇気」なのである。あらゆることから逃げてはいけないという考え方に固執せず、逃げる対象と自分の力を客観的に判断しよう。そして、上手に逃げる方法も『孫子』から学んでほしい。

第13章　用間篇

勝敗を左右する間諜

敵国の情報をもたらす間諜の役割は戦争において大きく、勝利に大きく影響するので、礼節と仁義をもって接しなければいけない

the
ART
of
WAR
by Sun Tzu

01

間諜を使い敵の実情を探り勝利をつかむ

孫子曰く、凡そ師を興すこと十万、師を出すこと千里なれば、百姓（ひゃくせい）の費（ひ）、公家の奉（ほう）、日に千金を費やす。内外騒動して事を繰るを得ざる者、七十万家。相い守ること数年にして、以て一日の勝を争う。而るに爵禄、百金を愛（おし）んで、敵の情を知らざる者は、不仁の至りなり、人の将に非ざるなり。主の佐に非ざるなり、勝の主に非ざるなり。

故に明君賢将の動きて人に勝ち、成功の衆に出ずる所以（ゆえん）の者は、先知なり。先知なる者は、鬼神に取るべからず、事に象（かたど）るべからず。度に験すべからず、

必ず人に取りて、敵の情を知る者なり。

【大意】

孫子は言う。およそ十万の軍隊を動かして千里の先まで攻め入ったとすると、民衆や国の出費は一日に千金もの大金となる。国の内外ともに大騒ぎとなり、国の根本たる農業に励めない者が七十万家にも達することになる。こうした状態で数年にわたって対峙し続けて一日の勝負を争うのだ。このように戦争とは国の基盤に関わる重要なことである。それなのに間諜に爵位や俸禄、百金などを与えることを惜しみ、敵の情報を探ろうとしないのは、不仁、つまり民衆への愛、慈しみがないことが甚だしい。これでは、民衆の将軍とはいえず、君主の補佐役とはいえず、勝利を手にする主とはいえない。

だから、賢明な主君や優れた将軍が行動を起こして敵を打ち破り、抜きんでた成功を勝ち取ることができるのは、間諜からあらかじめ敵の情報を握っているからである。あらかじめ情報を知るということは、鬼神に頼ったり、祈祷や卜占(ぼくせん)の結果ではなく、過去の出来事から類推して得られるものでもなく、自然の摂理によって類推できるものでもない。必ず人、つまり間諜の働きによって敵の情報を知るのである。

【解説】 日本では伝統的にスパイに対する評価が低い。これは、歴史的に外国との戦争があまりにも少なかったという幸せな国民であったことの証明でもある。しかし、日露戦争という国家、国民の存亡を賭けた戦争の時だけはスパイ（間諜）を大いに活用した。

有名なのは広瀬武夫と明石元二郎である。広瀬はロシアの将校や貴族と親しくなり、アリアズナという貴族の娘にも愛された。明石は大金を使いレーニンたちを煽り、革命家による反政府活動を推進させたと言われる。当時のお金で一〇〇万円、現在であれば四〇〇億円に相当する。他にもたくさんの日本人スパイが活躍したといわれる。こうした努力が実って日本はかろうじてロシアを破ることができたのである。

スパイだけでなく日本海海戦など日露戦争は、『孫子』が説く戦争のセオリーに沿うものであったが、太平洋戦争では『孫子』は生かされなかった。敵であるアメリカの研究を放棄し、国民に英語を使うことを禁じた。逆に、アメリカは日本と日本人の研究を進め、ルース・ベネディクトの名著『菊と刀』は、この過程で生まれたものだ。彼女は戦争情報局の日本班チーフだった。

敵の情勢を知る価値

敵の情報を探ろうとしないのは、民衆の苦労を無にしてしまう

必ずスパイの働きによって敵の情報を知ることができる

02

五種類の間諜を誰にも知られずに使う

故に間を用いるに五あり。郷間あり、内間あり、反間あり、死間あり、生間あり。五間倶に起こりて其の道を知ること莫し、是れを神紀と謂う。人君の宝なり。

郷間なる者は其の郷人に因りてこれを用うるなり。内間なる者は其の官人に因りてこれを用うるなり。反間なる者は其の敵間に因りてこれを用うるなり。死間なる者は誑事を外に為し、吾が間をしてこれを知って敵に伝えしむるなり。生間なる者は反り報ずるなり。

スパイの運用の種類(五間)

【大意】

そこで、働いてもらう間諜には五つの種類がある。それは郷間（村に住む間諜）、内間（敵から内通してきた間諜）、反間（こちらのために働く敵の間諜）、死間（死ぬ間諜）、生間（生きて帰る間諜）である。この五つの種類の間諜がともに活動をし、それでいてその活動が誰にも知られない。それこそが、間諜の優れた使い方なのである。間諜は主君にとっても宝のような存在である。

郷間の役割は、敵の地に住む民間人を利用することであり、内間の役割は、敵の官吏を利用することであり、反間の役割は敵の間諜を逆にこちらのために利用することであり、死間の役割は偽りの情報をでっち上げ、こちらの間諜によって、偽情報をを真実として敵に伝えるのである。生間の役割は、敵国に潜入しては生還し、その都度報告するのである。

【解説】

現在でも世界中の国々がスパイをたくさん利用している。しかし、その全容は決してわからない。わかってはスパイの意味がないからだ。

スパイにも単純な情報収集レベルの者から国家の重要機密を盗んだり、操作したりする者まで多様だ。また自国、敵国、まったく関係ない国々の者などを使う。当然、現在の日本にも欧米やアジア各国のスパイがいて、官僚や政治家の友達となったり、愛人となったり、仕事のつき合いをしたりなど、いろいろの者が活動している。

歴史に名を残した人が実はスパイだった事実もある。岸信介、正力松太郎、児玉誉士夫といった戦後史の表と裏で活躍した人たちだ。冷戦下、日本はアメリカとソ連の両方から、「郷間」の誘い、つまり現地の人間に協力を求められていたのだ。

その中で一番の大物は岸信介だ。日本を反共の国にするために活動したのである。一九五五年の保守合同はその一環と言える。時の首相がCIAの協力者だったのだ。

経済界では、読売新聞の社主だった正力が筆頭だ。CIAは正力に接触し、「原子力の平和利用」を浸透させ、日本人から原子力への恐怖心を取り除くように依頼したという。

ソ連も同じように日本のリーダーにアプローチしていたことは言うまでもない。冷戦という新しい戦争を有利に進めるべく、米ソともに必死に情報を集めていたのである。

コラム +1

「丁寧で遅い人」と「雑で速い人」

仕事は丁寧だがその分時間がかかってしまう人、雑な仕事ではあるが作業が速い人――あなたはどちらに当てはまるだろうか。そしてどちらを目指すべきだと考えるだろうか。

もちろん、状況によるだろうが、時間に余裕があれば質が高いほうがよいと考える人のほうが多いだろう。しかしビジネスに求められているのはスピード感であることも事実だ。

この問題に『孫子』では、「兵は拙速を聞くも、未だ巧久なるを賭ざるなり」という答えを出している。戦争には多少拙い点があったとしても速やかに勝負をつけたほうがよい。上手い戦い方でも長引かせて有効だったことはないという意味だ。

雑すぎてはいけない。しかしスピード感を持って仕事をすることは何においても重要なのである。目標と期間をしっかり定め、そこで出せる一番の質で、素早く仕事を行うことができるビジネスマンこそが優れているといわれるだろう。

部下の仕事が遅い、または雑ということであれば、上司であるあなたが作業の速さや質の基準を示すことで、改善されるかもしれない。

03

情報の真偽を見抜く眼力が指導者には必要

故に三軍の親は間より親しきは莫く、賞は間より厚きは莫く、事は間より密なるは莫し。聖智に非ざれば間を用うること能わず、仁義に非ざれば間を使うこと能わず、微妙に非ざれば間の実を得ること能わず。微なるかな微なるかな、間を用いざる所なし。間事未だ発せざるに而も先ず聞こゆれば、間と告ぐる所の者と、皆死す。

スパイの使い方

スパイを使う主君に必要なもの

必要なもの	ないと
①厚い恩賞	信頼性の高い情報が得られない
②優れた知恵	情報が使えない
③深い愛と情と義理	スパイを思い通り動かせない
④物事の機微を洞察する力	真実の情報を理解することができない

【大意】

全軍の中で、将軍は間諜よりも親密に接する者はおらず、間諜より恩賞を厚遇される者はおらず、聡明でなければ間諜を扱うことはできず、間諜へ愛情と誠実さがなければ使いこなすことはできず、心配りがなければ間諜が持ってきた情報の真偽を見抜くことができない。何と微妙で奥深いことか。間諜は常には用いられ、間諜からの情報が発表前なのに外部からもたらされた場合、その間諜とその情報を持ってきた者を死罪にしなければならない。

【解説】

スパイを使いこなせる指導者の条件をここで詳しく述べている。スパイは危険な役割なので使うものは彼らを好遇することは必須であった。

04

敵の間諜は優遇して必ず味方にするべきだ

凡そ軍の撃たんと欲(ほっ)する所、城の攻めんと欲する所、人の殺さんと欲する所は、必ず先ず其の守将・左右・謁者(えっしゃ)・門者・舎人(しゃじん)の姓名を知り、吾が間(かん)をして必ず索めてこれを知らしむ。

敵間の来たって我を間(かん)する者、因(よ)りてこれを利し、導きてこれを舎(しゃ)せしむ。故に反間得て用うべきなり。是れに因りてこれを知り、故に郷間・内間得て使うべきなり。是れに因りてこれを知る。故に死間誑事(きょうじ)を為して、敵に告げしむべし。是に因りてこれを知り、故に生間期の如くならしむべし。五間

の事は主必ずこれを知り、これを知るは必ず反間に在り。ゆえに反間は厚くせざるべからざるなり。

【大意】

攻撃しようと思っている敵軍、攻略しようとする城、殺そうと決めている人物については、必ずそれらを守備をする将軍、左右に控える側近、取り次ぎの者、門番、宮中の役人の姓名を把握しておき、味方の間諜に情報をさらに集めさせなくてはならない。

また、こちらの情報を探りに来た間諜は、つけ込んでその者に利益を与え、誘い込んでこちらにつかせるようにする。そうして反間として使えるようにするのである。この反間によって敵の情報がわかるから、郷間も内間も効果的に使うことができる。この反間によって敵の状況がわかるから、死間を使って偽りの情報を敵に告げさせることができる。この反間によって敵の内情を知ることができるから、生間を当初の予定通りに活動させることができる。このように五種類の間諜の使い方を主君はよく知っておかなければならないが、敵の情報を手に入れるにあたっては反間が最も重要な役割を持っている。だから反間を厚遇する必要があるのだ。

大物スパイと呼ばれる人物ほど二重スパイになりやすい。というのは、信頼ができ、信用がある。だから有力な情報を持ち、相手にもそれを与えられるからこそ、一級の情報が手に入れられるからだ

【解説】

もっとも有名な二重スパイは第一次世界大戦中に、ドイツとフランスの間で暗躍したマタ・ハリだろう。フランスのスパイとして働いていたが、彼女の忠誠心はドイツ帝国にあった。大戦で国土を蹂躙されたフランスだが、その原因は彼女がドイツにもたらした情報とされる。

孫子は大物スパイの持つ情報に目をつけ、とにかく彼らを厚く優遇して、こちらの味方にしてしまうことを奨励する。いや、むしろそれは必須だと強く説いているのである。

そのためにも、前に述べたスパイを使いこなせる四つの要件を満たす必要がある。この要件は、まさに理想のリーダー、最高のリーダーとなれる要件と言い換えてもよい内容である。

司馬遼太郎の『新史 太閤記』の中で、黒田官兵衛は豊臣秀吉がリーダーとして優れた四つの資質を備えていることを見抜いている。それは「智謀の才」「気前のよさ」「人たらし」「信義の厚さ」である。人たらしの性格と気前のよさで仲間を作り、信義の厚さで仲間との絆を深め、智謀の才で仲間を操るのである。

二重スパイ(反間)

①まず情報を集める
将軍、側近、取り次ぎの者
門番、雑役する者の姓名など

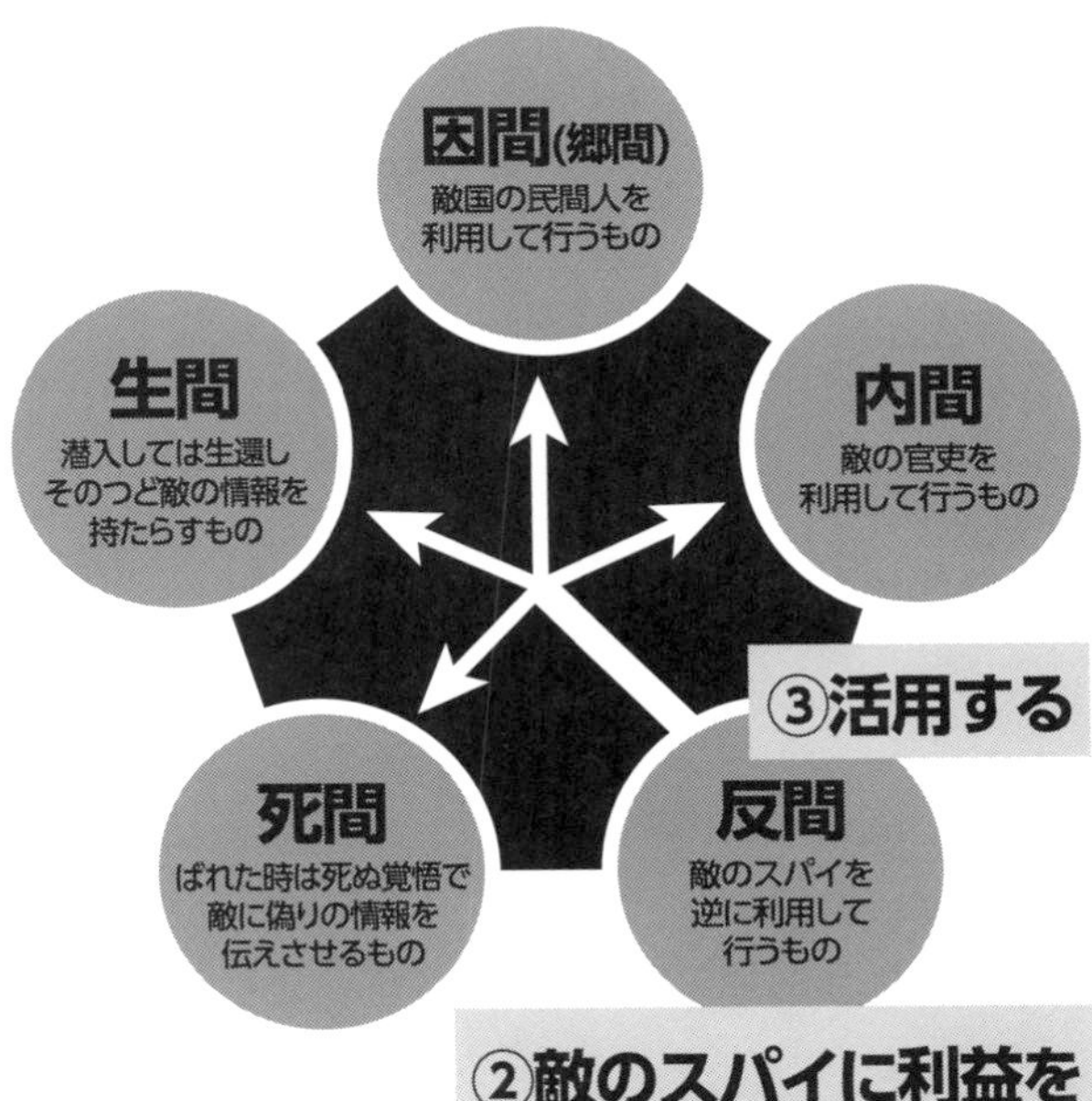

**②敵のスパイに利益を
与え反間にする**

**反間が最も重要で
厚遇しないといけない**

05

優れた家臣、将軍は優れたスパイでもある

昔、殷の興るや、伊摯、夏に在り。周の興るや、呂牙、殷に在り、故に惟だ明主賢将のみ能く上智を以て間者と為す者にして、必ず大功を成す。此れ兵の要にして、三軍の恃みて動く所なり。

【大意】

殷王朝が天下を治めるようになったとき、伊摯（殷王朝建国の功労者）がスパイとして夏の国に入り込み、周王朝が天下を治めるようになったとき、呂牙（周王朝建国の功労者）がスパイとして殷の国に入り込んでいた。このように、聡明な政治家や優れた

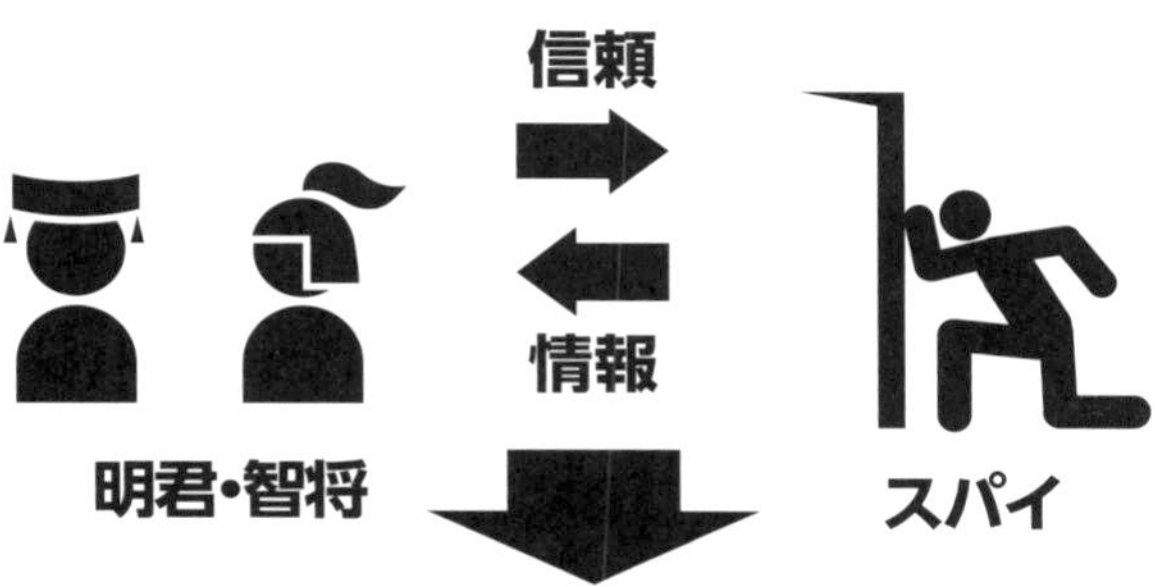

将軍がスパイとして敵国に入り込んで、偉大な功績を成し遂げることができたのである。つまり、スパイこそが戦争の要であり、すべての軍はそれに頼って行動するのだ。

【解説】

孫子は、最初の「計篇」から、この最後の「用間篇」まで、一貫して「正しい情報を知る」の重要性を説く。それが戦いに勝つための基本中の基本なのである。

さらにその「正しい情報」を活用できるまで、応用してどんな時も敵を打ち破れるようになるまで、指導者としての能力を高めることを要求している。

こうして決して無駄な戦や無意味な戦争を強く否定し、被害が少なく、勝つべくして勝つためあらゆる策を講じることを説くのである。

【参考文献】

『孫子』（金谷 治訳注　岩波文庫）
『孫子が指揮する太平洋戦争』（前原清隆　文春新書）
『図解 眠れなくなるほど面白い 孫子の兵法』（島崎晋 日本文芸社）
『孫子に経営を読む』（伊丹敬之　日経ビジネス文庫）
『決定版 孫子の兵法がマンガで3時間でマスターできる本』（吉田 浩著、渡邉 義浩監修　明日香出版社）
『ビジネスに使える！　孫子の兵法　見るだけノート』（長尾一洋監修　宝島社）
『ローマの歴史』（I・モシタネッリ　藤沢道郎訳　中公文庫）

［監修］ 叢 小榕（ツォン・シャオロン）

1954年中国生まれ。作家。北京師範大学卒業。東京大学大学院、中央大学博士課程修了。著書に『孫子はこう読む』『太平天国を討った文臣曾国藩』（ともに総合法令出版）など多数。

［著者］ 遠越 段（とおごし・だん）

1954年福岡県生まれ。早稲田大学法学部卒業。海外ビジネスにたずさわった後、会社経営者となるとともに、ビジネスエッセイストとして活躍。読書論、ビジネス論、人生論、人間関係論、成功法則論を主なテーマとして、 勇気と元気と誇りを与える本を出し続けることを使命としている。著書に『希望の星の光を見失うな！』『読書力』『失敗力』（総合法令出版）、『元気の出る読書術』（王様文庫／三笠書房）、『ツキを絶対につかむ行動法則42』（大和書房）など多数。訳書に『ガルシアへの手紙』（総合法令出版）などがある。

2500年も読み継がれている戦略の教科書

図解 大人のための孫子の兵法

2021年12月22日 初版発行
2022年 2 月 4 日 2版発行

著 者 遠越 段

発行者 野村直克
発行所 総合法令出版株式会社
〒103-0001 東京都中央区日本橋小伝馬町 15-18
EDGE 小伝馬町ビル 9 階
電話 03-5623-5121
印刷・製本 中央精版印刷株式会社

ISBN 978-4-86280-828-8
総合法令出版ホームページ http://www.horei.com/